建筑施工企业安全生产管理人员继续教育培训教材（第4版）

主编　冯小川　辛　平

中国建材工业出版社

图书在版编目(CIP)数据

建筑施工企业安全生产管理人员继续教育培训教材/冯小川，辛平主编. --4版. --北京：中国建材工业出版社，2023.3

ISBN 978-7-5160-3464-4

Ⅰ.①建… Ⅱ.①冯… ②辛… Ⅲ.①建筑施工企业—安全生产—生产管理—继续教育—教材 Ⅳ.①TU714

中国版本图书馆CIP数据核字（2021）第276709号

建筑施工企业安全生产管理人员继续教育培训教材（第4版）

Jianzhu Shigong Qiye Anquan Shengchan Guanli Renyuan Jixu Jiaoyu Peixun Jiaocai (Di 4 Ban)

主编　冯小川　辛　平

出版发行：中国建材工业出版社

地　　址：北京市海淀区三里河路11号

邮　　编：100831

经　　销：全国各地新华书店

印　　刷：北京印刷集团有限责任公司

开　　本：787mm×1092mm　1/16

印　　张：12

字　　数：300千字

版　　次：2023年3月第4版

印　　次：2023年3月第1次

定　　价：48.00元

本社网址：www.jccbs.com，微信公众号：zgjcgycbs

本书如有印装质量问题，由我社市场营销部负责调换，联系电话：(010)57811387

前　　言

近年来，党和政府出台了一系列安全生产法律、法规，新修订的《中华人民共和国安全生产法》（以下简称《安全生产法》）已经施行。新修订的《安全生产法》将习近平总书记关于安全生产工作一系列重要指示批示精神转化为法律规定，明确了安全生产工作要坚持党的领导，树立安全生产工作坚持人民至上、生命至上的安全发展理念，强化生产经营单位的主体责任，加强监督管理力度，加大违法惩罚力度，对全面加强安全生产工作提供更有力的法律保障，对施工企业的安全生产管理提出了更高要求。

为配合施工企业做好各级安全生产管理人员继续教育培训工作，使施工企业安全生产管理人员及时学习和领会新修订的《安全生产法》的基本内容，及时学习和掌握安全法律法规、技术标准、规范和规程，强化安全生产意识，提升安全管理水平，胜任安全管理工作，本教材突出介绍以下两方面内容：

一、着重介绍了《中华人民共和国刑法修正案（十一）》和《安全生产法》中与施工企业相关的条文，并将施工企业安全责任与法律责任做成对照表，使之一目了然，便于学习和查阅。

二、重点介绍了近几年重大安全事故案例及施工企业应急救援预案编制案例，有很强的可借鉴性。

由于时间仓促和编者水平有限，教材中难免存在不足和疏漏之处，欢迎广大读者批评指正。

编　者

2023 年 1 月

目　　录

第一部分　施工企业安全生产适用法律法规

第一章　《中华人民共和国刑法》与建筑施工企业安全生产相关的条文概述

《中华人民共和国刑法修正案（十一）》于2021年3月1日起施行，对建筑施工企业安全生产提出了更严格的要求。

第一百三十四条　【重大责任事故罪】在生产、作业中违反有关安全管理的规定，因而发生重大伤亡事故或者造成其他严重后果的，处三年以下有期徒刑或者拘役；情节特别恶劣的，处三年以上七年以下有期徒刑。

【强令违章冒险作业罪】强令他人违章冒险作业，或者明知存在重大事故隐患而不排除，仍冒险组织作业，因而发生重大伤亡事故或者造成其他严重后果的，处五年以下有期徒刑或者拘役；情节特别恶劣的，处五年以上有期徒刑。

在原《中华人民共和国刑法》第一百三十四条增加了“强令违章冒险作业罪”，提高了事前问责的严厉度。施工企业在施工过程中，不仅不能强令违章冒险作业，还必须主动地清除施工过程中发现的安全隐患，如果不排除，继续组织冒险作业，即构成“强令违章冒险作业罪”。根据这一新的规定，施工企业必须高度重视对施工安全隐患的排查和整改，避免因隐患未及时排除而涉嫌刑事犯罪。

第一百三十四条之一　在生产、作业中违反有关安全管理的规定，有下列情形之一，具有发生重大伤亡事故或者其他严重后果的现实危险的，处一年以下有期徒刑、拘役或者管制：

（一）关闭、破坏直接关系生产安全的监控、报警、防护、救生设备、设施，或者篡改、隐瞒、销毁其相关数据、信息的；

（二）因存在重大事故隐患被依法责令停产停业、停止施工、停止使用有关设备、设施、场所或者立即采取排除危险的整改措施，而拒不执行的；

（三）涉及安全生产的事项未经依法批准或者许可，擅自从事矿山开采、金属冶炼、建筑施工，以及危险物品生产、经营、储存等高度危险的生产作业活动的。

第一百三十四条之一为新增加条款，要求建筑施工企业各级管理者必须高度重视安全生产工作的各个环节，“关闭”“破坏”直接关系生产安全的设备设施、“破坏”“篡改”“隐瞒”“销毁”相关数据、信息，以及“拒不执行”安全整改措施，“擅自”从事高度危险的生产作业活动等违法行为，以前只是行政处罚，现在或将被追究刑事责任，因此，施工企业必须加强法制观念，提高思想认识，严格完善和执行安全细节的管理，严肃对待和执行行政执法部门作出的决定。

第一百三十五条 【重大劳动安全事故罪】安全生产设施或者安全生产条件不符合国家规定，因而发生重大伤亡事故或者造成其他严重后果的，对直接负责的主管人员和其他直接责任人员，处三年以下有期徒刑或者拘役；情节特别恶劣的，处三年以上七年以下有期徒刑。

本罪的犯罪主体是直接负责的主管人员和其他直接责任人员。“安全生产设施或者安全生产条件不符合国家规定”是指建筑企业的劳动安全设施不符合国家规定。

第一百三十六条 【危险物品肇事罪】违反爆炸性、易燃性、放射性、毒害性、腐蚀性物品的管理规定，在生产、储存、运输、使用中发生重大事故，造成严重后果的，处三年以下有期徒刑或者拘役；后果特别严重的，处三年以上七年以下有期徒刑。

第一百三十七条 【工程重大安全事故罪】建设单位、设计单位、施工单位、工程监理单位违反国家规定，降低工程质量标准，造成重大安全事故的，对直接责任人员，处五年以下有期徒刑或者拘役，并处罚金；后果特别严重的，处五年以上十年以下有期徒刑，并处罚金。

《最高人民检察院、公安部关于公安机关管辖的刑事案件立案追诉标准的规定（一）》第十三条［工程重大安全事故案（刑法第一百三十七条）］建设单位、设计单位、施工单位、工程监理单位违反国家规定，降低工程质量标准，涉嫌下列情形之一的，应予立案追诉：

（一）造成死亡一人以上，或者重伤三人以上；（二）造成直接经济损失五十万元以上的；（三）其他造成严重后果的情形。

第一百三十九条 【消防责任事故罪】违反消防管理法规，经消防监督机构通知采取改正措施而拒绝执行，造成严重后果的，对直接责任人员，处三年以下有期徒刑或者拘役；后果特别严重的，处三年以上七年以下有期徒刑。

《最高人民检察院、公安部关于公安机关管辖的刑事案件立案追诉标准的规定（一）》第十五条［消防责任事故案（刑法第一百三十九条）］违反消防管理法规，经消防监督机构通知采取改正措施而拒绝执行，涉嫌下列情形之一的，应予立案追诉：（一）造成死亡一人以上，或者重伤三人以上；（二）造成直接经济损失五十万元以上的；（三）造成森林火灾；（四）其他造成严重后果的情形。

第一百三十九条之一 在安全事故发生后，负有报告职责的人员不报或者谎报事故情况，贻误事故抢救，情节严重的，处三年以下有期徒刑或者拘役；情节特别严重的，处三年以上七年以下有期徒刑。

“负有报告职责的人员”主要指施工单位的主要负责人、实际控制人、负责生产经营管理人员以及其他负有报告职责的人员。

第三百三十八条 【污染环境罪】违反国家规定，排放、倾倒或者处置有放射性的废物、含传染病病原体的废物、有毒物质或者其他有害物质，严重污染环境的，处三年以下有期徒刑或者拘役，并处或者单处罚金；情节严重的，处三年以上七年以下有期徒刑，并处罚金；有下列情形之一的，处七年以上有期徒刑，并处罚金：

（一）在饮用水水源保护区、自然保护地核心保护区等依法确定的重点保护区域排放、倾倒、处置有放射性的废物、含传染病病原体的废物、有毒物质，情节特别严重的；

（二）向国家确定的重要江河、湖泊水域排放、倾倒、处置有放射性的废物、含传染病病原体的废物、有毒物质，情节特别严重的；

（三）致使大量永久基本农田基本功能丧失或者遭受永久性破坏的；

（四）致使多人重伤、严重疾病，或者致人严重残疾、死亡的。

有前款行为，同时构成其他犯罪的，依照处罚较重的规定定罪处罚。

本条款（一）、（二）、（三）、（四）条的内容，为《中华人民共和国刑法修正案（十一）》对该条款的修订，彰显了国家对于环境保护的重视程度，加大了对破坏环境的惩罚力度。建筑施工企业对建筑垃圾，尤其是有毒有害的建筑垃圾的处理，事关环境保护，必须处理到位，否则会面临严厉的刑事追责。

第二章 《中华人民共和国安全生产法》概述

一、《中华人民共和国安全生产法》2021 修正案主要内容

2021 年 6 月 10 日，中华人民共和国第十三届全国人民代表大会常务委员会第二十九次会议通过全国人民代表大会常务委员会关于修改《中华人民共和国安全生产法》的决定，自 2021 年 9 月 1 日起施行。

新修订的《中华人民共和国安全生产法》修改的内容大约占原来条款的三分之一，主要包括以下几个方面的内容：

1. 贯彻新思想、新理念，强化党委和政府的领导责任

将习近平总书记关于安全生产工作一系列重要指示批示的精神转化为法律规定，增加了安全生产工作应当坚持中国共产党的领导，以人为本，坚持人民至上、生命至上，把保护人民生命安全摆在首位，树牢安全发展理念，坚持安全第一、预防为主、综合治理的方针，从源头上防范化解重大安全风险，明确“管行业必须管安全、管业务必须管安全、管生产经营必须管安全”的监管职责。

2. 落实中央决策部署

《中共中央 国务院关于推进安全生产领域改革发展的意见》，对安全生产工作的指导思想、基本原则、制度措施等作出了新的重大部署。这次修改深入贯彻中央文件的精神，增加规定了重大事故隐患排查治理情况的报告、高危行业领域强制实施安全生产责任保险、安全生产公益诉讼等重要制度。

3. 强化企业主体责任

（1）强化生产经营单位的主体责任。

（2）明确了生产经营单位的主要负责人是本单位的安全生产第一责任人，对本单位的安全生产工作全面负责，其他负责人对职责范围内的安全生产工作负责。

（3）要求各类生产经营单位健全并落实全员安全生产责任制。

（4）建立安全风险分级管控和隐患排查治理双重预防机制。

（5）对生产经营单位非法转让施工资源等违法行为作出了明确的处罚规定。

（6）强制实施安全生产责任保险制度。

（7）加强对从业人员人文关怀，明确生产经营单位应当关注从业人员的身体、心理状况和行为习惯，加强心理疏导，防范从业人员行为异常导致事故发生。

4. 加大对违法行为的惩处力度

（1）罚款金额更高，惩戒力度更大。这次修改普遍提高了对违法行为的罚款数额，对发生特别重大事故单位的罚款，最高可以达到 1 亿元。对单位主要负责人的事故罚款数额由

年收入的30%～80%，提高至40%～100%，情节严重的，终身行业禁入。

（2）处罚方式更严。违法行为一经发现，即责令整改并处罚款，拒不整改的，责令停产停业整改整顿，并且可以按日连续计罚。

二、《中华人民共和国安全生产法》与建筑企业安全管理责任

《中华人民共和国安全生产法》与建筑企业安全管理责任见表1-2-1。

表1-2-1 《中华人民共和国安全生产法》与建筑企业安全管理责任

主旨	安全责任	法律责任	备注
安全生产宗旨、方针、机制	第三条 安全生产工作坚持中国共产党的领导。 安全生产工作应当以人为本，坚持人民至上、生命至上，把保护人民生命安全摆在首位，树牢安全发展理念，坚持安全第一、预防为主、综合治理的方针，从源头上防范化解重大安全风险。 安全生产工作实行管行业必须管安全、管业务必须管安全、管生产经营必须管安全，强化和落实生产经营单位主体责任与政府监管责任，建立生产经营单位负责、职工参与、政府监管、行业自律和社会监督的机制	—	—
建立健全安全生产规章制度	第四条 生产经营单位必须遵守本法和其他有关安全生产的法律、法规，加强安全生产管理，建立健全全员安全生产责任制和安全生产规章制度，加大对安全生产资金、物资、技术、人员的投入保障力度，改善安全生产条件，加强安全生产标准化、信息化建设，构建安全风险分级管控和隐患排查治理双重预防机制，健全风险防范化解机制，提高安全生产水平，确保安全生产	—	安全生产规章制度归纳为如下五大制度： 1. 安全生产责任制度； 2. 安全生产资金保障制度； 3. 安全生产教育培训制度； 4. 安全生产检查制度； 5. 生产安全隐患事故报告与调查处理制度
施工单位主要负责人对本单位的安全生产工作全面负责	第五条 生产经营单位的主要负责人是本单位安全生产第一责任人，对本单位的安全生产工作全面负责。其他负责人对职责范围内的安全生产工作负责	—	主要负责人包括法定代表人、总经理、分管安全生产的副总经理、分管生产经营的副总经理、技术责任人、安全总监等
施工单位执行国家标准或者行业标准规定	第十一条 国务院有关部门应当按照保障安全生产的要求，依法及时制定有关的国家标准或者行业标准，并根据科技进步和经济发展适时修订。 生产经营单位必须执行依法制定的保障安全生产的国家标准或者行业标准	—	—

续表

主旨	安全责任	法律责任	备注
委托服务机构的安全生产责任仍由施工单位负责	第十五条　依法设立的为安全生产提供技术、管理服务的机构，依照法律、行政法规和执业准则，接受生产经营单位的委托为其安全生产工作提供技术、管理服务。 生产经营单位委托前款规定的机构提供安全生产技术、管理服务的，保证安全生产的责任仍由本单位负责	—	—
生产安全事故责任追究制度	第十六条　国家实行生产安全事故责任追究制度，依照本法和有关法律、法规的规定，追究生产安全事故责任单位和责任人员的法律责任	—	—
施工单位主要负责人的职责	第二十一条　生产经营单位的主要负责人对本单位安全生产工作负有下列职责： （一）建立健全并落实本单位全员安全生产责任制，加强安全生产标准化建设； （二）组织制定并实施本单位安全生产规章制度和操作规程； （三）组织制定并实施本单位安全生产教育和培训计划； （四）保证本单位安全生产投入的有效实施； （五）组织建立并落实安全风险分级管控和隐患排查治理双重预防工作机制，督促、检查本单位的安全生产工作，及时消除生产安全事故隐患； （六）组织制定并实施本单位的生产安全事故应急救援预案； （七）及时、如实报告生产安全事故	第九十三条　生产经营单位的决策机构、主要负责人或者个人经营的投资人不依照本法规定保证安全生产所必需的资金投入，致使生产经营单位不具备安全生产条件的，责令限期改正，提供必需的资金；逾期未改正的，责令生产经营单位停产停业整顿。 有前款违法行为，导致发生生产安全事故的，对生产经营单位的主要负责人给予撤职处分，对个人经营的投资人处二万元以上二十万元以下的罚款；构成犯罪的，依照刑法有关规定追究刑事责任。 第九十四条　生产经营单位的主要负责人未履行本法规定的安全生产管理职责的，责令限期改正，处二万元以上五万元以下的罚款；逾期未改正的，处五万元以上十万元以下的罚款，责令生产经营单位停产停业整顿。 生产经营单位的主要负责人有前款违法行为，导致发生生产安全事故的，给予撤职处分；构成犯罪的，依照刑法有关规定追究刑事责任。 生产经营单位的主要负责人依照前款规定受刑事处罚或者撤职处分的，自刑罚执行完毕或者受处分之日起，五年内不得担任任何生产经营单位的主要负责人；对重大、特别重大生产安全事故负有责任的，终身不得担任本行业生产经营单位的主要负责人	建筑施工企业主要负责人或者项目负责人未履行本条中的任何一项要求，将受到相应的经济处罚，由此造成生产安全事故构成犯罪的，将面临刑事处罚。对重大、特别重大生产安全事故负有责任的、终身行业禁入

续表

主旨	安全责任	法律责任	备注
施工单位主要负责人的职责	—	第九十五条　生产经营单位的主要负责人未履行本法规定的安全生产管理职责，导致发生生产安全事故的，由应急管理部门依照下列规定处以罚款： （一）发生一般事故的，处上一年年收入百分之四十的罚款； （二）发生较大事故的，处上一年年收入百分之六十的罚款； （三）发生重大事故的，处上一年年收入百分之八十的罚款； （四）发生特别重大事故的，处上一年年收入百分之一百的罚款。 第一百一十条　生产经营单位的主要负责人在本单位发生生产安全事故时，不立即组织抢救或者在事故调查处理期间擅离职守或者逃匿的，给予降级、撤职的处分，并由应急管理部门处上一年年收入百分之六十至百分之一百的罚款；对逃匿的处十五日以下拘留；构成犯罪的，依照刑法有关规定追究刑事责任。 第一百一十三条　生产经营单位存在下列情形之一的，负有安全生产监督管理职责的部门应当提请地方人民政府予以关闭，有关部门应当依法吊销其有关证照。生产经营单位主要负责人五年内不得担任任何生产经营单位的主要负责人；情节严重的，终身不得担任本行业生产经营单位的主要负责人： （一）存在重大事故隐患，一百八十日内三次或者一年内四次受到本法规定的行政处罚的； （二）经停产停业整顿，仍不具备法律、行政法规和国家标准或者行业标准规定的安全生产条件的； （三）不具备法律、行政法规和国家标准或者行业标准规定的安全生产条件，导致发生重大、特别重大生产安全事故的； （四）拒不执行负有安全生产监督管理职责的部门作出的停产停业整顿决定的	—

续表

主旨	安全责任	法律责任	备注
施工单位安全员安全生产责任监督考核机制	第二十二条　生产经营单位的全员安全生产责任制应当明确各岗位的责任人员、责任范围和考核标准等内容。 生产经营单位应当建立相应的机制，加强对全员安全生产责任制落实情况的监督考核，保证全员安全生产责任制的落实	—	—
施工单位安全生产管理机构及安全生产管理人员的职责	第二十五条　生产经营单位的安全生产管理机构以及安全生产管理人员履行下列职责： （一）组织或者参与拟订本单位安全生产规章制度、操作规程和生产安全事故应急救援预案； （二）组织或者参与本单位安全生产教育和培训，如实记录安全生产教育和培训情况； （三）组织开展危险源辨识和评估，督促落实本单位重大危险源的安全管理措施； （四）组织或者参与本单位应急救援演练； （五）检查本单位的安全生产状况，及时排查生产安全事故隐患，提出改进安全生产管理的建议； （六）制止和纠正违章指挥、强令冒险作业、违反操作规程的行为； （七）督促落实本单位安全生产整改措施。 生产经营单位可以设置专职安全生产分管负责人，协助本单位主要负责人履行安全生产管理职责	第九十六条　生产经营单位的其他负责人和安全生产管理人员未履行本法规定的安全生产管理职责的，责令限期改正，处一万元以上三万元以下的罚款；导致发生生产安全事故的，暂停或者吊销其与安全生产有关的资格，并处上一年年收入百分之二十以上百分之五十以下的罚款；构成犯罪的，依照刑法有关规定追究刑事责任	安全生产管理机构分为如下两大块： 1. 企业的安全生产管理机构； 2. 施工项目安全生产管理机构
施工单位安全生产管理机构及人员的权利和义务	第二十六条　生产经营单位的安全生产管理机构以及安全生产管理人员应当恪尽职守，依法履行职责。 生产经营单位作出涉及安全生产的经营决策，应当听取安全生产管理机构以及安全生产管理人员的意见。 生产经营单位不得因安全生产管理人员依法履行职责而降低其工资、福利等待遇或者解除与其订立的劳动合同。 危险物品的生产、储存单位以及矿山、金属冶炼单位的安全生产管理人员的任免，应当告知主管的负有安全生产监督管理职责的部门		—

续表

主旨	安全责任	法律责任	备注
施工单位主要负责人和安全生产管理人员考核及持证上岗	第二十七条　生产经营单位的主要负责人和安全生产管理人员必须具备与本单位所从事的生产经营活动相应的安全生产知识和管理能力。 危险物品的生产、经营、储存、装卸单位以及矿山、金属冶炼、建筑施工、运输单位的主要负责人和安全生产管理人员，应当由主管的负有安全生产监督管理职责的部门对其安全生产知识和管理能力考核合格，考核不得收费。 危险物品的生产、储存、装卸单位以及矿山、金属冶炼单位应当有注册安全工程师从事安全生产管理工作。鼓励其他生产经营单位聘用注册安全工程师从事安全生产管理工作。注册安全工程师按专业分类管理，具体办法由国务院人力资源和社会保障部门、国务院应急管理部门会同国务院有关部门制定	—	《建筑施工企业主要负责人、项目负责人和专职安全生产管理人员安全生产管理规定》（住房城乡建设部令第17号）对施工企业的考核发证管理提出要求
特种作业人员考核及持证上岗	第三十条　生产经营单位的特种作业人员必须按照国家有关规定经专门的安全作业培训，取得相应资格，方可上岗作业。 特种作业人员的范围由国务院应急管理部门会同国务院有关部门确定	—	《建筑施工特种作业人员管理规定》（建质〔2008〕75号），对建筑施工特种作业人员的管理提出要求
全员安全生产教育培训的基本内容和要求	第二十八条　生产经营单位应当对从业人员进行安全生产教育和培训，保证从业人员具备必要的安全生产知识，熟悉有关的安全生产规章制度和安全操作规程，掌握本岗位的安全操作技能，了解事故应急处理措施，知悉自身在安全生产方面的权利和义务。未经安全生产教育和培训合格的从业人员，不得上岗作业。 生产经营单位使用被派遣劳动者的，应当将被派遣劳动者纳入本单位从业人员统一管理，对被派遣劳动者进行岗位安全操作规程和安全操作技能的教育和培训。劳务派遣单位应当对被派遣劳动者进行必要的安全生产教育和培训。 生产经营单位接收中等职业学校、高等学校学生实习的，	—	—

续表

主旨	安全责任	法律责任	备注
全员安全生产教育培训的基本内容和要求	应当对实习学生进行相应的安全生产教育和培训，提供必要的劳动防护用品。学校应当协助生产经营单位对实习学生进行安全生产教育和培训。 生产经营单位应当建立安全生产教育和培训档案，如实记录安全生产教育和培训的时间、内容、参加人员以及考核结果等情况	—	—
“四新”管理及其安全教育培训	第二十九条　生产经营单位采用新工艺、新技术、新材料或者使用新设备，必须了解、掌握其安全技术特性，采取有效的安全防护措施，并对从业人员进行专门的安全生产教育和培训	—	—
施工单位负责人及安全生产管理人员的安全检查职责	第四十六条　生产经营单位的 安全生产管理人员应当根据本单 位的生产经营特点，对安全生产 状况进行经常性检查；对检查中 发现的安全问题，应当立即处理；不能处理的，应当及时报告 本单位有关负责人，有关负责人 应当及时处理。检查及处理情况 应当如实记录在案。 生产经营单位的安全生产管理人员在检查中发现重大事故隐患，依照前款规定向本单位有关负责人报告，有关负责人不及时处理的，安全生产管理人员可以向主管的负有安全生产监督管理职责的部门报告，接到报告的部门应当依法及时处理	第九十三条　生产经营单位的决策机构、主要负责人或者个人经营的投资人不依照本法规定保证安全生产所必需的资金投入，致使生产经营单位不具备安全生产条件的，责令限期改正，提供必需的资金；逾期未改正的，责令生产经营单位停产停业整顿。 有前款违法行为的，导致发生生产安全事故的，对生产经营单位的主要负责人给予撤职处分，对个人经营的投资人处二万元以上二十万元以下的罚款；构成犯罪的，依照刑法有关规定追究刑事责任	生产经营单位的安全生产管理人员未履行本法规定的安全生产管理职责的按本条处罚
		第一百零二条　生产经营单位未采取措施消除事故隐患的，责令立即消除或者限期消除，处五万元以下的罚款；生产经营单位拒不执行的，责令停产停业整顿，对其直接负责的主管人员和其他直接责任人员处五万元以上十万元以下的罚款；构成犯罪的，依照刑法有关规定追究刑事责任	生产经营单位未采取措施消除事故隐患的，责令立即消除或者限期消除；生产经营单位拒不执行的按本条处罚
施工现场多个施工单位作业的安全管理职责	第四十八条　两个以上生产经营单位在同一作业区域内进行生产经营活动，可能危及对方生产安全的，应当签订安全生产管理协议，明确各自的安全生产管理职责和应当采取的安全措施，并指定专职安全生产管理人员进行安全检查与协调	第一百零四条　两个以上生产经营单位在同一作业区域内进行可能危及对方安全生产的生产经营活动，未签订安全生产管理协议或者未指定专职安全生产管理人员进行安全检查与协调的，责令限期改正，处五万元以下的罚款，对其直接负责的主管人员和其他直接责任人员处一万元以下的罚款；逾期未改正的，责令停产停业	—

续表

主旨	安全责任	法律责任	备注
施工现场发包与出租的安全生产管理职责	第四十九条　生产经营单位不得将生产经营项目、场所、设备发包或者出租给不具备安全生产条件或者相应资质的单位或者个人。 生产经营项目、场所发包或者出租给其他单位的，生产经营单位应当与承包单位、承租单位签订专门的安全生产管理协议，或者在承包合同、租赁合同中约定各自的安全生产管理职责；生产经营单位对承包单位、承租单位的安全生产工作统一协调、管理，定期进行安全检查，发现安全问题的，应当及时督促整改。 矿山、金属冶炼建设项目和用于生产、储存、装卸危险物品的建设项目的施工单位应当加强对施工项目的安全管理，不得倒卖、出租、出借、挂靠或者以其他形式非法转让施工资质，不得将其承包的全部建设工程转包给第三人或者将其承包的全部建设工程支解以后以分包的名义分别转包给第三人，不得将工程分包给不具备相应资质条件的单位	第一百零三条　生产经营单位将生产经营项目、场所、设备发包或者出租给不具备安全生产条件或者相应资质的单位或者个人的，责令限期改正，没收违法所得；违法所得十万元以上的，并处违法所得二倍以上五倍以下的罚款；没有违法所得或者违法所得不足十万元的，单处或者并处十万元以上二十万元以下的罚款；对其直接负责的主管人员和其他直接责任人员处一万元以上二万元以下的罚款；导致发生生产安全事故给他人造成损害的，与承包方、承租方承担连带赔偿责任。 生产经营单位未与承包单位、承租单位签订专门的安全生产管理协议或者未在承包合同、租赁合同中明确各自的安全生产管理职责，或者未对承包单位、承租单位的安全生产统一协调、管理的，责令限期改正，处五万元以下的罚款，对其直接负责的主管人员和其他直接责任人员处一万元以下的罚款；逾期未改正的，责令停产停业整顿。 矿山、金属冶炼建设项目和用于生产、储存、装卸危险物品的建设项目的施工单位未按照规定对施工项目进行安全管理的，责令限期改正，处十万元以下的罚款，对其直接负责的主管人员和其他直接责任人员处二万元以下的罚款；逾期未改正的，责令停产停业整顿。以上施工单位倒卖、出租、出借、挂靠或者以其他形式非法转让施工资质的，责令停产停业整顿，吊销资质证书，没收违法所得；违法所得十万元以上的，并处违法所得二倍以上五倍以下的罚款，没有违法所得或者违法所得不足十万元的，单处或者并处十万元以上二十万元以下的罚款；对其直接负责的主管人员和其他直接责任人员处五万元以上十万元以下的罚款；构成犯罪的，依照刑法有关规定追究刑事责任	—

续表

主旨	安全责任	法律责任	备注
落实建筑施工从业人员权利与义务	第六条　生产经营单位的从业人员有依法获得安全生产保障的权利，并应当依法履行安全生产方面的义务	第九十七条　生产经营单位有下列行为之一的，责令限期改正，处十万元以下的罚款；逾期未改正的，责令停产停业整顿，并处十万元以上二十万元以下的罚款，对其直接负责的主管人员和其他直接责任人员处二万元以上五万元以下的罚款： （一）未按照规定设置安全生产管理机构或者配备安全生产管理人员、注册安全工程师的； （二）危险物品的生产、经营、储存、装卸单位以及矿山、金属冶炼、建筑施工、运输单位的主要负责人和安全生产管理人员未按照规定经考核合格的； （三）未按照规定对从业人员、被派遣劳动者、实习学生进行安全生产教育和培训，或者未按照规定如实告知有关的安全生产事项的； （四）未如实记录安全生产教育和培训情况的； （五）未将事故隐患排查治理情况如实记录或者未向从业人员通报的； （六）未按照规定制定生产安全事故应急救援预案或者未定期组织演练的； （七）特种作业人员未按照规定经专门的安全作业培训并取得相应资格，上岗作业的	基本权利与义务
	第五十三条　生产经营单位的从业人员有权了解其作业场所和工作岗位存在的危险因素、防范措施及事故应急措施，有权对本单位的安全生产工作提出建议		知情权及建议权
	第五十四条　从业人员有权对本单位安全生产工作中存在的问题提出批评、检举、控告；有权拒绝违章指挥和强令冒险作业。 生产经营单位不得因从业人员对本单位安全生产工作提出批评、检举、控告或者拒绝违章指挥、强令冒险作业而降低其工资、福利等待遇或者解除与其订立的劳动合同		批评、检举、控告及拒绝的权利与权利保护
	第七十四条　任何单位或者个人对事故隐患或者安全生产违法行为，均有权向负有安全生产监督管理职责的部门报告或者举报。 因安全生产违法行为造成重大事故隐患或者导致重大事故，致使国家利益或者社会公共利益受到侵害的，人民检察院可以根据民事诉讼法、行政诉讼法的相关规定提起公益诉讼	—	举报权
	第七十六条　县级以上各级人民政府及其有关部门对报告重大事故隐患或者举报安全生产违法行为的有功人员，给予奖励。具体奖励办法由国务院应急管理部门会同国务院财政部门制定	—	—

续表

主旨	安全责任	法律责任	备注
落实建筑施工从业人员权利与义务	第五十五条　从业人员发现直接危及人身安全的紧急情况时，有权停止作业或者在采取可能的应急措施后撤离作业场所。 生产经营单位不得因从业人员在前款紧急情况下停止作业或者采取紧急撤离措施而降低其工资、福利等待遇或者解除与其订立的劳动合同	—	紧急情况处置权
	第五十七条　从业人员在作业过程中，应当严格落实岗位安全责任，遵守本单位的安全生产规章制度和操作规程，服从管理，正确佩戴和使用劳动防护用品	第一百零七条　生产经营单位的从业人员不落实岗位安全责任，不服从管理，违反安全生产规章制度或者操作规程的，由生产经营单位给予批评教育，依照有关规章制度给予处分；构成犯罪的，依照刑法有关规定追究刑事责任	遵章守纪服从管理义务
	第五十八条　从业人员应当接受安全生产教育和培训，掌握本职工作所需的安全生产知识，提高安全生产技能，增强事故预防和应急处理能力	—	接受教育培训和提高技能的义务
	第五十九条　从业人员发现事故隐患或者其他不安全因素，应当立即向现场安全生产管理人员或者本单位负责人报告；接到报告的人员应当及时予以处理	第一百零二条　生产经营单位未采取措施消除事故隐患的，责令立即消除或者限期消除，处五万元以下的罚款；生产经营单位拒不执行的，责令停产停业整顿，对其直接负责的主管人员和其他直接责任人员处五万元以上十万元以下的罚款；构成犯罪的，依照刑法有关规定追究刑事责任	隐患报告义务
	第六十一条　生产经营单位使用被派遣劳动者的，被派遣劳动者享有本法规定的从业人员的权利，并应当履行本法规定的从业人员的义务	第一百零六条　生产经营单位与从业人员订立协议，免除或者减轻其对从业人员因生产安全事故伤亡依法应承担的责任的，该协议无效；对生产经营单位的主要负责人、个人经营的投资人处二万元以上十万元以下的罚款。 第一百零七条　生产经营单位的从业人员不落实岗位安全责任，不服从管理，违反安全生产规章制度或者操作规程的，由生产经营单位给予批评教育，依照有关规章制度给予处分；构成犯罪的，依照刑法有关规定追究刑事责任	被派遣劳动者的权利义务

续表

主旨	安全责任	法律责任	备注
配合安全生产监督检查的职责	第六十六条　生产经营单位对负有安全生产监督管理职责的部门的监督检查人员依法履行监督检查职责，应当予以配合，不得拒绝、阻挠	第一百零八条　违反本法规定，生产经营单位拒绝、阻碍负有安全生产监督管理职责的部门依法实施监督检查的，责令改正；拒不改正的，处二万元以上二十万元以下的罚款；对其直接负责的主管人员和其他直接责任人员处一万元以上二万元以下的罚款；构成犯罪的，依照刑法有关规定追究刑事责任	—
发生生产安全事故时主要负责人职责	第五十条　生产经营单位发生生产安全事故时，单位的主要负责人应当立即组织抢救，并不得在事故调查处理期间擅离职守	第一百一十条　生产经营单位的主要负责人在本单位发生生产安全事故时，不立即组织抢救或者在事故调查处理期间擅离职守或者逃匿的，给予降级、撤职的处分，并由应急管理部门处上一年年收入百分之六十至百分之一百的罚款；对逃匿的处十五日以下拘留；构成犯罪的，依照刑法有关规定追究刑事责任 生产经营单位的主要负责人对生产安全事故隐瞒不报、谎报或者迟报的，依照前款规定处罚	建筑施工企业主要负责人和项目负责人在发生生产安全事故时，应当立即组织抢救，不得在事故调查处理期间擅离职守
配合处置重大事故隐患措施的职责	第七十条　负有安全生产监督管理职责的部门依法对存在重大事故隐患的生产经营单位作出停产停业、停止施工、停止使用相关设施或者设备的决定，生产经营单位应当依法执行，及时消除事故隐患。生产经营单位拒不执行，有发生生产安全事故的现实危险的，在保证安全的前提下，经本部门主要负责人批准，负有安全生产监督管理职责的部门可以采取通知有关单位停止供电、停止供应民用爆炸物品等措施，强制生产经营单位履行决定。通知应当采用书面形式，有关单位应当予以配合。 负有安全生产监督管理职责的部门依照前款规定采取停止供电措施，除有危及生产安全的紧急情形外，应当提前二十四小时通知生产经营单位。生产经营单位依法履行行政决定、采取相应措施消除事故隐患的，负有安全生产监督管理职责的部门应当及时解除前款规定的措施	—	—

续表

主旨	安全责任	法律责任	备注
发生生产安全事故后，抢救与报告职责	第八十三条　生产经营单位发生生产安全事故后，事故现场有关人员应当立即报告本单位负责人。 单位负责人接到事故报告后，应当迅速，采取有效措施组织抢救，防止事故扩大，减少人员伤亡和财产损失，并按照国家有关规定立即如实报告当地负有安全生产监督管理职责的部门，不得隐瞒不报、谎报或者迟报，不得故意破坏事故现场、毁灭有关证据	第一百一十条　生产经营单位的主要负责人在本单位发生生产安全事故时，不立即组织抢救或者在事故调查处理期间擅离职守或者逃匿的，给予降级、撤职的处分，并由应急管理部门处上一年年收入百分之六十至百分之一百的罚款；对逃匿的处十五日以下拘留；构成犯罪的，依照刑法有关规定追究刑事责任 生产经营单位的主要负责人对生产安全事故隐瞒不报、谎报或者迟报的，依照前款规定处罚	—
协同生产安全事故抢救的职责	第八十五条　有关地方人民政府和负有安全生产监督管理职责的部门的负责人接到生产安全事故报告后，应当按照生产安全事故应急救援预案的要求立即赶到事故现场，组织事故抢救。 参与事故抢救的部门和单位应当服从统一指挥，加强 协同联动，采取有效的应急 救援措施，并根据事故救援 的需要采取警戒、疏散等措施，防止事故扩大和次生灾害的发生，减少人员伤亡和财产损失。 事故抢救过程中应当采取必要措施，避免或者减少对环境造成的危害。 任何单位和个人都应当支持、配合事故抢救，并提供一切便利条件	—	事故抢救过程中应当采取必要措施，避免或者减少对次生造成的危害
事故调查处理与整改职责	第八十六条　事故调查处理应当按照科学严谨、依法依规、实事求是、注重实效的原则，及时、准确地查清事故原因，查明事故性质和责任，评估应急处置工作，总结事故教训，提出整改措施，并对事故责任单位和人员提出处理建议。事故调查报告应当依法及时向社会公布。事故调查和处理的具体办法由国务院制定。 事故发生单位应当及时全面落实整改措施，负有安全生产监督管理职责的部门应当加强监督检查	—	—

续表

主旨	安全责任	法律责任	备注
事故调查处理与整改职责	负责事故调查处理的国务院有关部门和地方人民政府应当在批复事故调查报告后一年内，组织有关部门对事故整改和防范措施落实情况进行评估，并及时向社会公开评估结果；对不履行职责导致事故整改和防范措施没有落实的有关单位和人员，应当按照有关规定追究责任	—	—
安全生产资金投入	第二十二条　生产经营单位应当具备的安全生产条件所必需的资金投入，由生产经营单位的决策机构、主要负责人或者个人经营的投资人予以保证，并对由于安全生产所必需的资金投入不足导致的后果承担责任。 有关生产经营单位应当按照规定提取和使用安全生产费用，专门用于改善安全生产条件。安全生产费用在成本中据实列支。安全生产费用提取、使用和监督管理的具体办法由国务院财政部门会同国务院应急管理部门征求国务院有关部门意见后制定	第九十三条　生产经营单位的决策机构、主要负责人或者个人经营的投资人不依照本法规定保证安全生产所必需的资金投入，致使生产经营单位不具备安全生产条件的，责令限期改正，提供必需的资金；逾期未改正的，责令生产经营单位停产停业整顿。 有前款违法行为，导致发生生产安全事故的，对生产经营单位的主要负责人给予撤职处分，对个人经营的投资人处二万元以上二十万元以下的罚款；构成犯罪的，依照刑法有关规定追究刑事责任	1.《建设工程安全防护、文明施工措施费用及使用管理规定》（建办〔2005〕89号） 2.《企业安全生产费用提取和使用管理办法》（财企〔2012〕16号）有明确规定
	第四十七条　生产经营单位应当安排用于配备劳动防护用品、进行安全生产培训的经费		—
安全生产管理机构设置及人员配备	第二十四条　矿山、金属冶炼、建筑施工、运输单位和危险物品的生产、经营、储存、装卸单位，应当设置安全生产管理机构或者配备专职安全生产管理人员。 前款规定以外的其他生产经营单位，从业人员超过一百人的，应当设置安全生产管理机构或者配备专职安全生产管理人员；从业人员在一百人以下的，应当配备专职或者兼职的安全生产管理人员	第九十七条　生产经营单位有下列行为之一的，责令限期改正，处十万元以下的罚款；逾期未改正的，责令停产停业整顿，并处十万元以上二十万元以下的罚款，对其直接负责的主管人员和其他直接责任人员处二万元以上五万元以下的罚款： （一）未按照规定设置安全生产管理机构或者配备安全生产管理人员、注册安全工程师的； （二）危险物品的生产、经营、储存、装卸单位以及矿山、金属冶炼、建筑施工、运输单位的主要负责人和安全生产管理人员未按照规定经考核合格的；	《建筑施工企业安全生产管理机构设置及专职安全员生产管理人员配备办法》（建质〔2008〕91号），对建筑施工企业设置安全生产管理机构和有关人员职责作出了规定

续表

主旨	安全责任	法律责任	备注
三类人员考核及任职	第二十七条　生产经营单位的主要负责人和安全生产管理人员必须具备与本单位所从事的生产经营活动相应的安全生产知识和管理能力。 危险物品的生产、经营、储存、装卸单位以及矿山、金属冶炼、建筑施工、运输单位的主要负责人和安全生产管理人员，应当由主管的负有安全生产监督管理职责的部门对其安全生产知识和管理能力考核合格。考核不得收费。 危险物品的生产、储存、装卸单位以及矿山、金属冶炼单位应当有注册安全工程师从事安全生产管理工作。鼓励其他生产经营单位聘用注册安全工程师从事安全生产管理工作。注册安全工程师按专业分类管理，具体办法由国务院人力资源和社会保障部门、国务院应急管理部门会同国务院有关部门制定	（三）未按照规定对从业人员、被派遣劳动者、实习学生进行安全生产教育和培训，或者未按照规定如实告知有关的安全生产事项的； （四）未如实记录安全生产教育和培训情况的； （五）未将事故隐患排查治理情况如实记录或者未向从业人员通报的； （六）未按照规定制定生产安全事故应急救援预案或者未定期组织演练的； （七）特种作业人员未按照规定经专门的安全作业培训并取得相应资格，上岗作业的	《建筑施工企业主要负责人、项目负责人和专职安全生产管理人员安全生产管理规定》（住房城乡建设部令第17号）及《建筑施工企业主要负责人、项目负责人和专职生产管理人员安全生产管理规定实施意见》（建质〔2015〕206号）有明确要求
安全告知与人文关怀	第四十四条　生产经营单位应当教育和督促从业人员严格执行本单位的安全生产规章制度和安全操作规程；并向从业人员如实告知作业场所和工作岗位存在的危险因素、防范措施以及事故应急措施。 生产经营单位应当关注从业人员的身体、心理状况和行为习惯，加强对从业人员的心理疏导、精神慰藉，严格落实岗位安全生产责任，防范从业人员行为异常导致事故发生	—	—
工伤保险	第五十一条　生产经营单位必须依法参加工伤保险，为从业人员缴纳保险费。 国家鼓励生产经营单位投保安全生产责任保险；属于国家规定的高危行业、领域的生产经营单位，应当投保安全生产责任保险。具体范围和实施办法由国务院应急管理部门会同国务院财政部门、国务院保险监督管理机构和相关行业主管部门制定	第一百零六条　生产经营单位与从业人员订立协议，免除或者减轻其对从业人员因生产安全事故伤亡依法应承担的责任的，该协议无效；对生产经营单位的主要负责人、个人经营的投资人处二万元以上十万元以下的罚款。 第一百零七条　生产经营单位的从业人员不落实岗位安全责任，不服从管理，违反安全生产规章制度或者操作规程的，由生产经营单位给予批评教育，依照有关规章制度给予处分；构成犯罪的，依照刑法有关规定追究刑事责任	—

续表

主旨	安全责任	法律责任	备注
工伤保险	第五十二条　生产经营单位与从业人员订立的劳动合同，应当载明有关保障从业人员劳动安全、防止职业危害的事项，以及依法为从业人员办理工伤保险的事项。 生产经营单位不得以任何形式与从业人员订立协议，免除或者减轻其对从业人员因生产安全事故伤亡依法应承担的责任	—	—
	第五十六条　生产经营单位发生生产安全事故后，应当及时采取措施救治有关人员。 因生产安全事故受到损害的从业人员，除依法享有工伤保险外，依照有关民事法律尚有获得赔偿的权利的，有权向本单位提出赔偿要求	—	—
建设项目安全设施“三同时”	第三十一条　生产经营单位新建、改建、扩建工程项目（以下统称建设项目）的安全设施，必须与主体工程同时设计、同时施工、同时投入生产和使用。安全设施投资应当纳入建设项目概算	第九十八条　生产经营单位有下列行为之一的，责令停止建设或者停产停业整顿，限期改正，并处十万元以上五十万元以下的罚款，对其直接负责的主管人员和其他直接责任人员处二万元以上五万元以下的罚款；逾期未改正的，处五十万元以上一百万元以下的罚款，对其直接负责的主管人员和其他直接责任人员处五万元以上十万元以下的罚款；构成犯罪的，依照刑法有关规定追究刑事责任： （一）未按照规定对矿山、金属冶炼建设项目或者用于生产、储存、装卸危险物品的建设项目进行安全评价的； （二）矿山、金属冶炼建设项目或者用于生产、储存、装卸危险物品的建设项目没有安全设施设计或者安全设施设计未按照规定报经有关部门审查同意的； （三）矿山、金属冶炼建设项目或者用于生产、储存、装卸危险物品的建设项目的施工单位未按照批准的安全设施设计施工的； （四）矿山、金属冶炼建设项目或者用于生产、储存、装卸危险物品的建设项目竣工投入生产或者使用前，安全设施未经验收合格的	—

续表

主旨	安全责任	法律责任	备注
建设项目施工与验收	第三十四条　矿山、金属冶炼建设项目和用于生产、储存、装卸危险物品的建设项目的施工单位必须按照批准的安全设施设计施工，并对安全设施的工程质量负责。 矿山、金属冶炼建设项目和用于生产、储存、装卸危险物品的建设项目竣工投入生产或者使用前，应当由建设单位负责组织对安全设施进行验收；验收合格后，方可投入生产和使用。负有安全生产监督管理职责的部门应当加强对建设单位验收活动和验收结果的监督核查	第九十八条　生产经营单位有下列行为之一的，责令停止建设或者停产停业整顿，限期改正，并处十万元以上五十万元以下的罚款，对其直接负责的主管人员和其他直接责任人员处二万元以上五万元以下的罚款；逾期未改正的，处五十万元以上一百万元以下的罚款，对其直接负责的主管人员和其他直接责任人员处五万元以上十万元以下的罚款；构成犯罪的，依照刑法有关规定追究刑事责任： （一）未按照规定对矿山、金属冶炼建设项目或者用于生产、储存、装卸危险物品的建设项目进行安全评价的； （二）矿山、金属冶炼建设项目或者用于生产、储存、装卸危险物品的建设项目没有安全设施设计或者安全设施设计未按照规定报经有关部门审查同意的； （三）矿山、金属冶炼建设项目或者用于生产、储存、装卸危险物品的建设项目的施工单位未按照批准的安全设施设计施工的； （四）矿山、金属冶炼建设项目或者用于生产、储存、装卸危险物品的建设项目竣工投入生产或者使用前，安全设施未经验收合格的	—
安全警示标志管理	第三十五条　生产经营单位应当在有较大危险因素的生产经营场所和有关设施、设备上，设置明显的安全警示标志	第九十九条　生产经营单位有下列行为之一的，责令限期改正，处五万元以下的罚款；逾期未改正的，处五万元以上二十万元以下的罚款，对其直接负责的主管人员和其他直接责任人员处一万元以上二万元以下的罚款；情节严重的，责令停产停业整顿；构成犯罪的，依照刑法有关规定追究刑事责任： （一）未在有较大危险因素的生产经营场所和有关设施、设备上设置明显的安全警示标志的； （二）安全设备的安装、使用、检测、改造和报废不符合国家标准或者行业标准的； （三）未对安全设备进行经常性维护、保养和定期检测的	—
安全设备管理	第三十六条　安全设备的设计、制造、安装、使用、检测、维修、改造和报废，应当符合国家标准或者行业标准。 生产经营单位必须对安全设备进行经常性维护、保养，并定期检测，保证正常运转。维护、保养、检测应当作好记录，并由有关人员签字。 生产经营单位不得关闭、破坏直接关系生产安全的监控、报警、防护、救生设备、设施，或者篡改、隐瞒、销毁其相关数据、信息。 餐饮等行业的生产经营单位使用燃气的，应当安装可燃气体报警装置，并保障其正常使用		—

续表

<table>
<tr><th>主旨</th><th>安全责任</th><th>法律责任</th><th>备注</th></tr>
<tr><td>危险物品容器、运输工具及部分特种设备的特殊管理</td><td>第三十七条　生产经营单位使用的危险物品的容器、运输工具，以及涉及人身安全、危险性较大的海洋石油开采特种设备和矿山井下特种设备，必须按照国家有关规定，由专业生产单位生产，并经具有专业资质的检测、检验机构检测、检验合格，取得安全使用证或者安全标志，方可投入使用。检测、检验机构对检测、检验结果负责</td><td rowspan="2">（四）关闭、破坏直接关系生产安全的监控、报警、防护、救生设备、设施，或者篡改、隐瞒、销毁其相关数据、信息的；
（五）未为从业人员提供符合国家标准或者行业标准的劳动防护用品的；
（六）危险物品的容器、运输工具，以及涉及人身安全、危险性较大的海洋石油开采特种设备和矿山井下特种设备未经具有专业资质的机构检测、检验合格，取得安全使用证或者安全标志，投入使用的；
（七）使用应当淘汰的危及生产安全的工艺、设备的；
（八）餐饮等行业的生产经营单位使用燃气未安装可燃气体报警装置的</td><td>—</td></tr>
<tr><td>工艺及设备淘汰制度</td><td>第三十八条　国家对严重危及生产安全的工艺、设备实行淘汰制度，具体目录由国务院安全生产监督管理部门会同国务院有关部门制定并公布。法律、行政法规对目录的制定另有规定的，适用其规定。
省、自治区、直辖市人民政府可以根据本地区实际情况制定并公布具体目录，对前款规定以外的危及生产安全的工艺、设备予以淘汰。
生产经营单位不得使用应当淘汰的危及生产安全的工艺、设备</td><td>—</td></tr>
<tr><td rowspan="2">危险物品管理</td><td rowspan="2">第三十九条　生产、经营、运输、储存、使用危险物品或者处置废弃危险物品的，由有关主管部门依照有关法律、法规的规定和国家标准或者行业标准审批并实施监督管理。
生产经营单位生产、经营、运输、储存、使用危险物品或者处置废弃危险物品，必须执行有关法律、法规和国家标准或者行业标准，建立专门的安全管理制度，采取可靠的安全措施，接受有关主管部门依法实施的监督管理</td><td>第一百条　未经依法批准，擅自生产、经营、运输、储存、使用危险物品或者处置废弃危险物品的，依照有关危险物品安全管理的法律、行政法规的规定予以处罚；构成犯罪的，依照刑法有关规定追究刑事责任</td><td>—</td></tr>
<tr><td>第一百零一条　生产经营单位有下列行为之一的，责令限期改正，处十万元以下的罚款；逾期未改正的，责令停产停业整顿，并处十万元以上二十万元以下的罚款，对其直接负责的主管人员和其他直接责任人员处二万元以上五万元以下的罚款；构成犯罪的，依照刑法有关规定追究刑事责任：
（一）生产、经营、运输、储存、使用危险物品或者处置废弃危险物品，未建立专门安全管理制度、未采取可靠的安全措施的；
（二）对重大危险源未登记建档，未进行定期检测、评估、监控，未制定应急预案，或者未告知应急措施的；</td><td>—</td></tr>
</table>

续表

主旨	安全责任	法律责任	备注
危险物品管理	—	（三）进行爆破、吊装、动火、临时用电以及国务院应急管理部门会同国务院有关部门规定的其他危险作业，未安排专门人员进行现场安全管理的； （四）未建立安全风险分级管控制度或者未按照安全风险分级采取相应管控措施的； （五）未建立事故隐患排查治理制度，或者重大事故隐患排查治理情况未按照规定报告的	—
生产经营场所与员工宿舍管理	第四十二条　生产、经营、储存、使用危险物品的车间、商店、仓库不得与员工宿舍在同一座建筑物内，并应当与员工宿舍保持安全距离。 生产经营场所和员工宿舍应当设有符合紧急疏散要求、标志明显、保持畅通的出口、疏散通道。禁止占用、锁闭、封堵生产经营场所或者员工宿舍的出口、疏散通道	第一百零五条　生产经营单位有下列行为之一的，责令限期改正，处五万元以下的罚款，对其直接负责的主管人员和其他直接责任人员处一万元以下的罚款；逾期未改正的，责令停产停业整顿；构成犯罪的，依照刑法有关规定追究刑事责任： （一）生产、经营、储存、使用危险物品的车间、商店、仓库与员工宿舍在同一座建筑内，或者与员工宿舍的距离不符合安全要求的； （二）生产经营场所和员工宿舍未设有符合紧急疏散需要、标志明显、保持畅通的出口、疏散通道，或者占用、锁闭、封堵生产经营场所或者员工宿舍出口、疏散通道的	—
从业人员安全知情权	第五十三条　生产经营单位的从业人员有权了解其作业场所和工作岗位存在的危险因素、防范措施及事故应急措施，有权对本单位的安全生产工作提出建议	—	—
职业危害防治与劳动防护	第四十五条　生产经营单位必须为从业人员提供符合国家标准或者行业标准的劳动防护用品，并监督、教育从业人员按照使用规则佩戴、使用	第九十九条　生产经营单位有下列行为之一的，责令限期改正，处五万元以下的罚款；逾期未改正的，处五万元以上二十万元以下的罚款，对其直接负责的主管人员和其他直接责任人员处一万元以上二万元以下的罚款；情节严重的，责令停产停业整顿；构成犯罪的，依照刑法有关规定追究刑事责任： （一）未在有较大危险因素的生产经营场所和有关设施、设备上设置明显的安全警示标志的；	—

续表

主旨	安全责任	法律责任	备注
职业危害防治与劳动防护	—	（二）安全设备的安装、使用、检测、改造和报废不符合国家标准或者行业标准的； （三）未对安全设备进行经常性维护、保养和定期检测的； （四）关闭、破坏直接关系生产安全的监控、报警、防护、救生设备、设施，或者篡改、隐瞒、销毁其相关数据、信息的； （五）未为从业人员提供符合国家标准或者行业标准的劳动防护用品的； （六）危险物品的容器、运输工具，以及涉及人身安全、危险性较大的海洋石油开采特种设备和矿山井下特种设备未经具有专业资质的机构检测、检验合格，取得安全使用证或者安全标志，投入使用的； （七）使用应当淘汰的危及生产安全的工艺、设备的； （八）餐饮等行业的生产经营单位使用燃气未安装可燃气体报警装置的	—
重大危险源管理	第四十条　生产经营单位对重大危险源应当登记建档，进行定期检测、评估、监控，并制订应急预案，告知从业人员和相关人员在紧急情况下应当采取的应急措施。 生产经营单位应当按照国家有关规定将本单位重大危险源及有关安全措施、应急措施报有关地方人民政府应急管理部门和有关部门备案。有关地方人民政府应急管理部门和有关部门应当通过相关信息系统实现信息共享	第一百零一条　生产经营单位有下列行为之一的，责令限期改正，处十万元以下的罚款；逾期未改正的，责令停产停业整顿，并处十万元以上二十万元以下的罚款，对其直接负责的主管人员和其他直接责任人员处二万元以上五万元以下的罚款；构成犯罪的，依照刑法有关规定追究刑事责任： （一）生产、经营、运输、储存、使用危险物品或者处置废弃危险物品，未建立专门安全管理制度、未采取可靠的安全措施的； （二）对重大危险源未登记建档，未进行定期检测、评估、监控，未制定应急预案，或者未告知应急措施的； （三）进行爆破、吊装、动火、临时用电以及国务院应急管理部门会同国务院有关部门规定的其他危险作业，未安排专门人员进行现场安全管理的； （四）未建立安全风险分级管控制度或者未按照安全风险分级采取相应管控措施的； （五）未建立事故隐患排查治理制度，或者重大事故隐患排查治理情况未按照规定报告的	—

续表

<table>
<tr><th>主旨</th><th>安全责任</th><th>法律责任</th><th>备注</th></tr>
<tr><td>安全风险分级管控和事故隐患排查治理</td><td>第四十一条　生产经营单位应当建立安全风险分级管控制度，按照安全风险分级采取相应的管控措施。
生产经营单位应当建立健全并落实生产安全事故隐患排查治理制度，采取技术、管理措施，及时发现并消除事故隐患。事故隐患排查治理情况应当如实记录，并通过职工大会或者职工代表大会、信息公示栏等方式向从业人员通报。其中，重大事故隐患排查治理情况应当及时向负有安全生产监督管理职责的部门和职工大会或者职工代表大会报告。
县级以上地方各级人民政府负有安全生产监督管理职责的部门应当将重大事故隐患纳入相关信息系统，建立健全重大事故隐患治理督办制度，督促生产经营单位消除重大事故隐患</td><td rowspan="2">第一百零一条　生产经营单位有下列行为之一的，责令限期改正，处十万元以下的罚款；逾期未改正的，责令停产停业整顿，并处十万元以上二十万元以下的罚款，对其直接负责的主管人员和其他直接责任人员处二万元以上五万元以下的罚款；构成犯罪的，依照刑法有关规定追究刑事责任：
（一）生产、经营、运输、储存、使用危险物品或者处置废弃危险物品，未建立专门安全管理制度、未采取可靠的安全措施的；
（二）对重大危险源未登记建档，未进行定期检测、评估、监控，未制定应急预案，或者未告知应急措施的；
（三）进行爆破、吊装、动火、临时用电以及国务院应急管理部门会同国务院有关部门规定的其他危险作业，未安排专门人员进行现场安全管理的；
（四）未建立安全风险分级管控制度或者未按照安全风险分级采取相应管控措施的；
（五）未建立事故隐患排查治理制度，或者重大事故隐患排查治理情况未按照规定报告的</td><td rowspan="2">—</td></tr>
<tr><td>建筑施工危险作业的安全管理</td><td>第四十三条　生产经营单位进行爆破、吊装、动火、临时用电以及国务院应急管理部门会同国务院有关部门规定的其他危险作业，应当安排专门人员进行现场安全管理，确保操作规程的遵守和安全措施的落实</td></tr>
<tr><td>重大隐患的处置管理</td><td>第四十六条　生产经营单位的安全生产管理人员应当根据本单位的生产经营特点，对安全生产状况进行经常性检查；对检查中发现的安全问题，应当立即处理；不能处理的，应当及时报告本单位有关负责人，有关负责人应当及时处理。检查及处理情况应当如实记录在案。
生产经营单位的安全生产管理人员在检查中发现重大事故隐患，依照前款规定向本单位有关负责人报告，有关负责人不及时处理的，安全生产管理人员可以向主管的负有安全生产监督管理职责的部门报告，接到报告的部门应当依法及时处理</td><td>第九十六条　生产经营单位的其他负责人和安全生产管理人员未履行本法规定的安全生产管理职责的，责令限期改正，处一万元以上三万元以下的罚款；导致发生生产安全事故的，暂停或者吊销其与安全生产有关的资格，并处上一年年收入百分之二十以上百分之五十以下的罚款；构成犯罪的，依照刑法有关规定追究刑事责任。
第一百零二条　生产经营单位未采取措施消除事故隐患的，责令立即消除或者限期消除，处五万元以下的罚款；生产经营单位拒不执行的，责令停产停业整顿，对其直接负责的主管人员和其他直接责任人员处五万元以上十万元以下的罚款；构成犯罪的，依照刑法有关规定追究刑事责任</td><td>安全生产管理人员未履行其职责的按此条处罚</td></tr>
</table>

续表

主旨	安全责任	法律责任	备注
应急预案	第八十一条　生产经营单位应当制订本单位生产安全事故应急救援预案，与所在地县级以上地方人民政府组织制定的生产安全事故应急救援预案相衔接，并定期组织演练。 第八十二条　危险物品的生产、经营、储存单位以及矿山、金属冶炼、城市轨道交通运营、建筑施工单位应当建立应急救援组织；生产经营规模较小的，可以不建立应急救援组织，但应当指定兼职的应急救援人员。危险物品的生产、经营、储存、运输单位以及矿山、金属冶炼、城市轨道交通运营、建筑施工单位应当配备必要的应急救援器材、设备和物资，并进行经常性维护、保养，保证正常运转	第九十七条　生产经营单位有下列行为之一的，责令限期改正，处十万元以下的罚款；逾期未改正的，责令停产停业整顿，并处十万元以上二十万元以下的罚款，对其直接负责的主管人员和其他直接责任人员处二万元以上五万元以下的罚款： （一）未按照规定设置安全生产管理机构或者配备安全生产管理人员、注册安全工程师的； （二）危险物品的生产、经营、储存、装卸单位以及矿山、金属冶炼、建筑施工、运输单位的主要负责人和安全生产管理人员未按照规定经考核合格的； （三）未按照规定对从业人员、被派遣劳动者、实习学生进行安全生产教育和培训，或者未按照规定如实告知有关的安全生产事项的； （四）未如实记录安全生产教育和培训情况的； （五）未将事故隐患排查治理情况如实记录或者未向从业人员通报的； （六）未按照规定制定生产安全事故应急救援预案或者未定期组织演练的； （七）特种作业人员未按照规定经专门的安全作业培训并取得相应资格，上岗作业的	—
工会安全管理权利	第七条　工会依法对安全生产工作进行监督。 生产经营单位的工会依法组织职工参加本单位安全生产工作的民主管理和民主监督，维护职工在安全生产方面的合法权益。生产经营单位制定或者修改有关安全生产的规章制度，应当听取工会的意见	—	—
	第六十条　工会有权对建设项目的安全设施与主体工程同时设计、同时施工、同时投入生产和使用进行监督，提出意见	—	—

续表

主旨	安全责任	法律责任	备注
工会安全管理权利	工会对生产经营单位违反安全生产法律、法规，侵犯从业人员合法权益的行为，有权要求纠正；发现生产经营单位违章指挥、强令冒险作业或者发现事故隐患时，有权提出解决的建议，生产经营单位应当及时研究答复；发现危及从业人员生命安全的情况时，有权向生产经营单位建议组织从业人员撤离危险场所，生产经营单位必须立即作出处理。 工会有权依法参加事故调查，向有关部门提出处理意见，并要求追究有关人员的责任	—	—
不得阻挠和干涉事故调查处理	第八十八条　任何单位和个人不得阻挠和干涉对事故的依法调查处理	第一百零八条　违反本法规定，生产经营单位拒绝、阻碍负有安全生产监督管理职责的部门依法实施监督检查的，责令改正；拒不改正的，处二万元以上二十万元以下的罚款；对其直接负责的主管人员和其他直接责任人员处一万元以上二万元以下的罚款；构成犯罪的，依照刑法有关规定追究刑事责任	—
对事故单位的罚款	—	第一百一十四条　发生生产安全事故，对负有责任的生产经营单位除要求其依法承担相应的赔偿等责任外，由应急管理部门依照下列规定处以罚款： （一）发生一般事故的，处三十万元以上一百万元以下的罚款； （二）发生较大事故的，处一百万元以上二百万元以下的罚款； （三）发生重大事故的，处二百万元以上一千万元以下的罚款； （四）发生特别重大事故的，处一千万元以上二千万元以下的罚款。 发生生产安全事故，情节特别严重、影响特别恶劣的，应急管理部门可以按照前款罚款数额的二倍以上五倍以下对负有责任的生产经营单位处以罚款	—

第三章　建设工程各方主体安全管理责任

一、建设单位、勘察单位、设计单位及监理单位安全责任与法律责任

《建设工程安全生产管理条例》明确规定了建设工程各方主体应履行的义务和应承担的安全和法律责任，见表1-3-1。

表1-3-1　建设工程各方主体安全管理责任

主旨	安全责任	法律责任
建设单位安全责任与法律责任	第六条　建设单位应当向施工单位提供施工现场及毗邻区域内供水、排水、供电、供气、供热、通信、广播电视等地下管线资料，气象和水文观测资料，相邻建筑物和构筑物、地下工程的有关资料，并保证资料的真实、准确、完整。 建设单位因建设工程需要，向有关部门或者单位查询前款规定的资料时，有关部门或者单位应当及时提供。 第七条　建设单位不得对勘察、设计、施工、工程监理等单位提出不符合建设工程安全生产法律、法规和强制性标准规定的要求，不得压缩合同约定的工期。 第八条　建设单位在编制工程概算时，应当确定建设工程安全作业环境及安全施工措施所需费用。 第九条　建设单位不得明示或者暗示施工单位购买、租赁、使用不符合安全施工要求的安全防护用具、机械设备、施工机具及配件、消防设施和器材。 第十条　建设单位在申请领取施工许可证时，应当提供建设工程有关安全施工措施的资料。 依法批准开工报告的建设工程，建设单位应当自开工报告批准之日起15日内，将保证安全施工的措施报送建设工程所在地的县级以上地方人民政府建设行政主管部门或者其他有关部门备案。 第十一条　建设单位应当将拆除工程发包给具有相应资质等级的施工单位。 建设单位应当在拆除工程施工15日前，将下列资料报送建设工程所在地的县级以上地方人民政府建设行政主管部门或者其他有关部门备案： （一）施工单位资质等级证明。 （二）拟拆除建筑物、构筑物及可能危及毗邻建筑的说明。 （三）拆除施工组织方案。 （四）堆放、清除废弃物的措施。 实施爆破作业的，应当遵守国家有关民用爆炸物品管理的规定	第五十四条　违反本条例的规定，建设单位未提供建设工程安全生产作业环境及安全施工措施所需费用的，责令限期改正；逾期未改正的，责令该建设工程停止施工。 建设单位未将保证安全施工的措施或者拆除工程的有关资料报送有关部门备案的，责令限期改正，给予警告。 第五十五条　违反本条例的规定，建设单位有下列行为之一的，责令限期改正，处20万元以上50万元以下的罚款；造成重大安全事故，构成犯罪的，对直接责任人员，依照刑法有关规定追究刑事责任；造成损失的，依法承担赔偿责任： （一）对勘察、设计、施工、工程监理等单位提出不符合安全生产法律、法规和强制性标准规定的要求的； （二）要求施工单位压缩合同约定的工期的； （三）将拆除工程发包给不具有相应资质等级的施工单位的

续表

主旨	安全责任	法律责任
勘察单位安全责任与法律责任	第十二条　勘察单位应当按照法律、法规和工程建设强制性标准进行勘察，提供的勘察文件应当真实、准确，满足建设工程安全生产的需要。 勘察单位在勘察作业时，应当严格执行操作规程，采取措施保证各类管线、设施和周边建筑物、构筑物的安全	第五十六条　违反本条例的规定，勘察单位、设计单位有下列行为之一的，责令限期改正，处10万元以上30万元以下的罚款；情节严重的，责令停业整顿，降低资质等级，直至吊销资质证书；造成重大安全事故，构成犯罪的，对直接责任人员，依照刑法有关规定追究刑事责任；造成损失的，依法承担赔偿责任： （一）未按照法律、法规和工程建设强制性标准进行勘察、设计的； （二）采用新结构、新材料、新工艺的建设工程和特殊结构的建设工程，设计单位未在设计中提出保障施工作业人员安全和预防生产安全事故的措施建议的
设计单位安全责任与法律责任	第十三条　设计单位应当按照法律、法规和工程建设强制性标准进行设计，防止因设计不合理导致生产安全事故的发生。 设计单位应当考虑施工安全操作和防护的需要，对涉及施工安全的重点部位和环节在设计文件中注明，并对防范生产安全事故提出指导意见。 采用新结构、新材料、新工艺的和特殊结构的建设工程，设计单位应当在设计中提出保障施工作业人员安全和预防生产安全事故的措施建议。 设计单位和注册建筑师等注册执业人员应当对其设计负责	第五十六条　违反本条例的规定，勘察单位、设计单位有下列行为之一的，责令限期改正，处10万元以上30万元以下的罚款；情节严重的，责令停业整顿，降低资质等级，直至吊销资质证书；造成重大安全事故，构成犯罪的，对直接责任人员，依照刑法有关规定追究刑事责任；造成损失的，依法承担赔偿责任： （一）未按照法律、法规和工程建设强制性标准进行勘察、设计的； （二）采用新结构、新材料、新工艺的建设工程和特殊结构的建设工程，设计单位未在设计中提出保障施工作业人员安全和预防生产安全事故的措施建议的
工程监理单位的安全责任与法律责任	第十四条　工程监理单位应当审查施工组织设计中的安全技术措施或者专项施工方案是否符合工程建设强制性标准。 工程监理单位在实施监理过程中，发现存在安全事故隐患的，应当要求施工单位整改；情况严重的，应当要求施工单位暂时停止施工，并及时报告建设单位。施工单位拒不整改或者不停止施工的，工程监理单位应当及时向有关主管部门报告。 工程监理单位和监理工程师应当按照法律、法规和工程建设强制性标准实施监理，并对建设工程安全生产承担监理责任	第五十七条　违反本条例的规定，工程监理单位有下列行为之一的，责令限期改正；逾期未改正的，责令停业整顿，并处10万元以上30万元以下的罚款；情节严重的，降低资质等级，直至吊销资质证书；造成重大安全事故，构成犯罪的，对直接责任人员，依照刑法有关规定追究刑事责任；造成损失的，依法承担赔偿责任： （一）未对施工组织设计中的安全技术措施或者专项施工方案进行审查的； （二）发现安全事故隐患未及时要求施工单位整改或者暂时停止施工的； （三）施工单位拒不整改或者不停止施工，未及时向有关主管部门报告的； （四）未依照法律、法规和工程建设强制性标准实施监理的

二、机械设备提供、出租、安装及使用单位安全责任和法律责任

机械设备提供、出租、安装及使用单位安全责任和法律责任见表 1-3-2。

表 1-3-2　机械设备提供、出租、安装及使用单位安全责任和法律责任

主旨	安全责任	法律责任
提供机械设备和配件单位	第十五条　为建设工程提供机械设备和配件的单位，应当按照安全施工的要求配备齐全有效的保险、限位等安全设施和装置	第五十九条　违反本条例的规定，为建设工程提供机械设备和配件的单位，未按照安全施工的要求配备齐全有效的保险、限位等安全设施和装置的，责令限期改正，处合同价款 1 倍以上 3 倍以下的罚款：造成损失的，依法承担赔偿责任
出租的机械设备和施工机具及配件单位安全责任与法律责任	第十六条　出租的机械设备和施工机具及配件，应当具有生产（制造）许可证、产品合格证。 出租单位应当对出租的机械设备和施工机具及配件的安全性能进行检测，在签订租赁协议时，应当出具检测合格证明。 禁止出租检测不合格的机械设备和施工机具及配件	第六十条　违反本条例的规定，出租单位出租未经安全性能检测或者经检测不合格的机械设备和施工机具及配件的，责令停业整顿，并处 5 万元以上 10 万元以下的罚款；造成损失的，依法承担赔偿责任
施工起重机械和整体提升脚手架、模板等自升式架设设施安装、拆卸单位安全责任与法律责任	第十七条　在施工现场安装、拆卸施工起重机械和整体提升脚手架、模板等自升式架设设施，必须由具有相应资质的单位承担。 安装、拆卸施工起重机械和整体提升脚手架、模板等自升式架设设施，应当编制拆装方案、制定安全施工措施，并由专业技术人员现场监督。 施工起重机械和整体提升脚手架、模板等自升式架设设施安装完毕后，安装单位应当自检，出具自检合格证明，并向施工单位进行安全使用说明，办理验收手续并签字。 第十八条　施工起重机械和整体提升脚手架、模板等自升式架设设施的使用达到国家规定的检验检测期限的，必须经具有专业资质的检验检测机构检测。经检测不合格的，不得继续使用。 第十九条　检验检测机构对检测合格的施工起重机械和整体提升脚手架、模板等自升式架设设施，应当出具安全合格证明文件，并对检测结果负责	第六十一条　违反本条例的规定，施工起重机械和整体提升脚手架、模板等自升式架设设施安装、拆卸单位有下列行为之一的，责令限期改正，处5万元以上10万元以下的罚款；情节严重的，责令停业整顿，降低资质等级，直至吊销资质证书；造成损失的，依法承担赔偿责任： （一）未编制拆装方案、制定安全施工措施的； （二）未由专业技术人员现场监督的； （三）未出具自检合格证明或者出具虚假证明的； （四）未向施工单位进行安全使用说明，办理移交手续的。 施工起重机械和整体提升脚手架、模板等自升式安装拆卸单位有前款规定的第（一）项、第（三）项行为，经有关部门或者单位职工提出后，对事故隐患仍不采取措施，因而发生重大伤亡事故或者造成其他严重后果，构成犯罪的，对直接责任人员，依照刑法有关规定追究刑事责任

三、施工单位安全责任与法律责任

1. 安全责任

第二十条　施工单位从事建设工程的新建、扩建、改建和拆除等活动，应当具备国家规定的注册资本、专业技术人员、技术装备和安全生产等条件，依法取得相应等级的资质证

书，并在其资质等级许可的范围内承揽工程。

第二十一条 施工单位主要负责人依法对本单位的安全生产工作全面负责。施工单位应当建立健全安全生产责任制度和安全生产教育培训制度，制订安全生产规章制度和操作规程，保证本单位安全生产条件所需资金的投入，对所承担的建设工程进行定期和专项安全检查，并做好安全检查记录。

施工单位的项目负责人应当由取得相应执业资格的人员担任，对建设工程项目的安全施工负责，落实安全生产责任制度、安全生产规章制度和操作规程，确保安全生产费用的有效使用，并根据工程的特点组织制定安全施工措施，消除安全事故隐患，及时、如实报告生产安全事故。

第二十二条 施工单位对列入建设工程概算的安全作业环境及安全施工措施所需费用，应当用于施工安全防护用具及设施的采购和更新、安全施工措施的落实、安全生产条件的改善，不得挪作他用。

第二十三条 施工单位应当设立安全生产管理机构，配备专职安全生产管理人员。

专职安全生产管理人员负责对安全生产进行现场监督检查。发现安全事故隐患，应当及时向项目负责人和安全生产管理机构报告；对违章指挥、违章操作的，应当立即制止。

专职安全生产管理人员的配备办法由国务院建设行政主管部门会同国务院其他有关部门制订。

第二十四条 建设工程实行施工总承包的，由总承包单位对施工现场的安全生产负总责。

总承包单位应当自行完成建设工程主体结构的施工。

总承包单位依法将建设工程分包给其他单位的，分包合同中应当明确各自的安全生产方面的权利、义务。总承包单位和分包单位对分包工程的安全生产承担连带责任。

分包单位应当服从总承包单位的安全生产管理，分包单位不服从管理导致生产安全事故的，由分包单位承担主要责任。

第二十五条 垂直运输机械作业人员、安装拆卸工、爆破作业人员、起重信号工、登高架设作业人员等特种作业人员，必须按照国家有关规定经过专门的安全作业培训，并取得特种作业操作资格证书后，方可上岗作业。

第二十六条 施工单位应当在施工组织设计中编制安全技术措施和施工现场临时用电方案，对下列达到一定规模的危险性较大的分部分项工程编制专项施工方案，并附具安全验算结果，经施工单位技术负责人、总监理工程师签字后实施，由专职安全生产管理人员进行现场监督：

（一）基坑支护与降水工程；

（二）土方开挖工程；

（三）模板工程；

（四）起重吊装工程；

（五）脚手架工程；

（六）拆除、爆破工程；

（七）国务院建设行政主管部门或者其他有关部门规定的其他危险性较大的工程。

对前款所列工程中涉及深基坑、地下暗挖工程、高大模板工程的专项施工方案，施工单位还应当组织专家进行论证、审查。

本条第一款规定的达到一定规模的危险性较大工程的标准，由国务院建设行政主管部门会同国务院其他有关部门制定。

第二十七条 建设工程施工前，施工单位负责项目管理的技术人员应当对有关安全施工的技术要求向施工作业班组、作业人员作出详细说明，并由双方签字确认。

第二十八条 施工单位应当在施工现场入口处、施工起重机械、临时用电设施、脚手架、出入通道口、楼梯口、电梯井口、孔洞口、桥梁口、隧道口、基坑边沿、爆破物及有害危险气体和液体存放处等危险部位，设置明显的安全警示标志。安全警示标志必须符合国家标准。

施工单位应当根据不同施工阶段和周围环境及季节、气候的变化，在施工现场采取相应的安全施工措施。施工现场暂时停止施工的，施工单位应当做好现场防护，所需费用由责任方承担，或者按照合同约定执行。

第二十九条 施工单位应当将施工现场的办公、生活区与作业区分开设置，并保持安全距离；办公、生活区的选址应当符合安全性要求。职工的膳食、饮水、休息场所等应当符合卫生标准。施工单位不得在尚未竣工的建筑物内设置员工集体宿舍。

施工现场临时搭建的建筑物应当符合安全使用要求。施工现场使用的装配式活动房屋应当具有产品合格证。

第三十条 施工单位对因建设工程施工可能造成损害的毗邻建筑物、构筑物和地下管线等，应当采取专项防护措施。

施工单位应当遵守有关环境保护法律、法规的规定，在施工现场采取措施，防止或者减少粉尘、废气、废水、固体废物、噪声、振动和施工照明对人和环境的危害和污染。

在城市市区内的建设工程，施工单位应当对施工现场实行封闭围挡。

第三十一条 施工单位应当在施工现场建立消防安全责任制度，确定消防安全责任人，制订用火、用电、使用易燃易爆材料等各项消防安全管理制度和操作规程，设置消防通道、消防水源，配备消防设施和灭火器材，并在施工现场入口处设置明显标志。

第三十二条 施工单位应当向作业人员提供安全防护用具和安全防护服装，并书面告知危险岗位的操作规程和违章操作的危害。

作业人员有权对施工现场的作业条件、作业程序和作业方式中存在的安全问题提出批评、检举和控告，有权拒绝违章指挥和强令冒险作业。

在施工中发生危及人身安全的紧急情况时，作业人员有权立即停止作业或者在采取必要的应急措施后撤离危险区域。

第三十三条 作业人员应当遵守安全施工的强制性标准、规章制度和操作规程，正确使用安全防护用具、机械设备等。

第三十四条 施工单位采购、租赁的安全防护用具、机械设备、施工机具及配件，应当具有生产（制造）许可证、产品合格证，并在进入施工现场前进行查验。

施工现场的安全防护用具、机械设备、施工机具及配件必须由专人管理，定期进行检查、维修和保养，建立相应的资料档案，并按照国家有关规定及时报废。

第三十五条 施工单位在使用施工起重机械和整体提升脚手架、模板等自升式架设设施前，应当组织有关单位进行验收，也可以委托具有相应资质的检验检测机构进行验收；使用承租的机械设备和施工机具及配件的，由施工总承包单位、分包单位、出租单位和安装单位共同进行验收。验收合格的方可使用。

《特种设备安全监察条例》规定的施工起重机械，在验收前应当经有相应资质的检验检测机构监督检验合格。

施工单位应当自施工起重机械和整体提升脚手架、模板等自升式架设设施验收合格之日起30日内，向建设行政主管部门或者其他有关部门登记。登记标志应当置于或者附着于该设备的显著位置。

第三十六条 施工单位的主要负责人、项目负责人、专职安全生产管理人员应当经建设行政主管部门或者其他有关部门考核合格后方可任职。

施工单位应当对管理人员和作业人员每年至少进行一次安全生产教育培训，其教育培训情况记入个人工作档案。安全生产教育培训考核不合格的人员，不得上岗。

第三十七条 作业人员进入新的岗位或者新的施工现场前，应当接受安全生产教育培训。未经教育培训或者教育培训考核不合格的人员，不得上岗作业。

施工单位在采用新技术、新工艺、新设备、新材料时，应当对作业人员进行相应的安全生产教育培训。

第三十八条 施工单位应当为施工现场从事危险作业的人员办理意外伤害保险。

意外伤害保险费由施工单位支付。实行施工总承包的，由总承包单位支付意外伤害保险费。意外伤害保险期限自建设工程开工之日起至竣工验收合格止。

第四十八条 施工单位应当制定本单位生产安全事故应急救援预案，建立应急救援组织或者配备应急救援人员，配备必要的应急救援器材、设备，并定期组织演练。

第四十九条 施工单位应当根据建设工程施工的特点、范围，对施工现场易发生重大事故的部位、环节进行监控，制定施工现场生产安全事故应急救援预案。实行施工总承包的，由总承包单位统一组织编制建设工程生产安全事故应急救援预案，工程总承包单位和分包单位按照应急救援预案，各自建立应急救援组织或者配备应急救援人员，配备救援器材、设备，并定期组织演练。

第五十条 施工单位发生生产安全事故，应当按照国家有关伤亡事故报告和调查处理的规定，及时、如实地向负责安全生产监督管理的部门、建设行政主管部门或者其他有关部门报告；特种设备发生事故的，还应当同时向特种设备安全监督管理部门报告。接到报告的部门应当按照国家有关规定，如实上报。

实行施工总承包的建设工程，由总承包单位负责上报事故。

第五十一条 发生生产安全事故后，施工单位应当采取措施防止事故扩大，保护事故现场。需要移动现场物品时，应当做出标记和书面记录，妥善保管有关证物。

2. 法律责任

第六十二条 违反本条例的规定，施工单位有下列行为之一的，责令限期改正；逾期未改正的，责令停业整顿，依照《中华人民共和国安全生产法》的有关规定处以罚款；造成重大安全事故，构成犯罪的，对直接责任人员，依照刑法有关规定追究刑事责任：

（一）未设立安全生产管理机构、配备专职安全生产管理人员或者分部分项工程施工时无专职安全生产管理人员现场监督的；

（二）施工单位的主要负责人、项目负责人、专职安全生产管理人员、作业人员或者特种作业人员，未经安全教育培训或者经考核不合格即从事相关工作的；

（三）未在施工现场的危险部位设置明显的安全警示标志，或者未按照国家有关规定在施工现场设置消防通道、消防水源、配备消防设施和灭火器材的；

（四）未向作业人员提供安全防护用具和安全防护服装的；

（五）未按照规定在施工起重机械和整体提升脚手架、模板等自升式架设设施验收合格后登记的；

（六）使用国家明令淘汰、禁止使用的危及施工安全的工艺、设备、材料的。

第六十三条 违反本条例的规定，施工单位挪用列入建设工程概算的安全生产作业环境及安全施工措施所需费用的，责令限期改正，处挪用费用20%以上50%以下的罚款；造成损失的，依法承担赔偿责任。

第六十四条 违反本条例的规定，施工单位有下列行为之一的，责令限期改正；逾期未改正的，责令停业整顿，并处5万元以上10万元以下的罚款；造成重大安全事故，构成犯罪的，对直接责任人员，依照刑法有关规定追究刑事责任：

（一）施工前未对有关安全施工的技术要求作出详细说明的；

（二）未根据不同施工阶段和周围环境及季节、气候的变化，在施工现场采取相应的安全施工措施，或者在城市市区内的建设工程的施工现场未实行封闭围挡的；

（三）在尚未竣工的建筑物内设置员工集体宿舍的；

（四）施工现场临时搭建的建筑物不符合安全使用要求的；

（五）未对因建设工程施工可能造成损害的毗邻建筑物、构筑物和地下管线等采取专项防护措施的。

施工单位有前款规定第（四）项、第（五）项行为，造成损失的，依法承担赔偿责任。

第六十五条 违反本条例的规定，施工单位有下列行为之一的，责令限期改正；逾期未改正的，责令停业整顿，并处10万元以上30万元以下的罚款；情节严重的，降低资质等级，直至吊销资质证书；造成重大安全事故，构成犯罪的，对直接责任人员，依照刑法有关规定追究刑事责任；造成损失的，依法承担赔偿责任：

（一）安全防护用具、机械设备、施工机具及配件在进入施工现场前未经查验或者查验不合格即投入使用的；

（二）使用未经验收或者验收不合格的施工起重机械和整体提升脚手架、模板等自升式架设设施的；

（三）委托不具有相应资质的单位承担施工现场安装、拆卸施工起重机械和整体提升脚手架、模板等自升式架设设施的；

（四）在施工组织设计中未编制安全技术措施、施工现场临时用电方案或者专项施工方案的。

第六十六条 违反本条例的规定，施工单位的主要负责人、项目负责人未履行安全生产管理职责的，责令限期改正；逾期未改正的，责令施工单位停业整顿；造成重大安全事故、重大伤亡事故或者其他严重后果，构成犯罪的，依照刑法有关规定追究刑事责任。

作业人员不服管理、违反规章制度和操作规程冒险作业造成重大伤亡事故或者其他严重后果，构成犯罪的，依照刑法有关规定追究刑事责任。

施工单位的主要负责人、项目负责人有前款违法行为，尚不够刑事处罚的，处2万元以上20万元以下的罚款或者按照管理权限给予撤职处分；自刑罚执行完毕或者受处分之日起，

5年内不得担任任何施工单位的主要负责人、项目负责人。

第六十七条 施工单位取得资质证书后，降低安全生产条件的，责令限期改正：经整改仍未达到与其资质等级相适应的安全生产条件的，责令停业整顿，降低其资质等级直至吊销资质证书。

第四章 《危险性较大的分部分项工程安全管理规定》概述

一、《危险性较大的分部分项工程安全管理规定》（住房城乡建设部令第37号）要点

据统计，近几年我国房屋建筑和市政基础工程领域死亡3人以上的较大安全事故中，大多数发生在基坑工程、模板工程及支撑体系、起重吊装及安装拆卸等危险性较大的分部分项工程范围内。为切实做好危险性较大的分部分项工程的安全管理，减少群死群伤事故发生，从根本上促进建筑施工安全形势好转，维护人民群众生命财产安全，住房城乡建设部颁布了《危险性较大的分部分项工程安全管理规定》（住房城乡建设部令第37号），该规定自2018年6月1日起实行。该规定主要包括下述主要内容。

1. 明确危险性较大的分部分项工程的定义和范围

第三条 本规定所称危险性较大的分部分项工程（以下简称“危大工程”），是指房屋建筑和市政基础设施工程在施工过程中，容易导致人员群死群伤或者造成重大经济损失的分部分项工程。

危大工程及超过一定规模的危大工程范围由国务院住房城乡建设主管部门制订。

省级住房城乡建设主管部门可以结合本地区实际情况，补充本地区危大工程范围。

2. 强化危大工程参与各方主体责任

第五条 建设单位应当依法提供真实、准确、完整的工程地质、水文地质和工程周边环境等资料。

第六条 勘察单位应当根据工程实际及工程周边环境资料，在勘察文件中说明地质条件可能造成的工程风险。

设计单位应当在设计文件中注明涉及危大工程的重点部位和环节，提出保障工程周边环境安全和工程施工安全的意见，必要时进行专项设计。

第七条 建设单位应当组织勘察、设计等单位在施工招标文件中列出危大工程清单，要求施工单位在投标时补充完善危大工程清单并明确相应的安全管理措施。

第八条 建设单位应当按照施工合同约定及时支付危大工程施工技术措施费以及相应的安全防护文明施工措施费，保障危大工程施工安全。

第九条 建设单位在申请办理安全监督手续时，应当提交危大工程清单及其安全管理措施等资料。

3. 确立危大工程专项施工方案及论证制度

第十条 施工单位应当在危大工程施工前组织工程技术人员编制专项施工方案。

实行施工总承包的，专项施工方案应当由施工总承包单位组织编制。危大工程实行分包的，专项施工方案可以由相关专业分包单位组织编制。

第十一条 专项施工方案应当由施工单位技术负责人审核签字、加盖单位公章，并由总

监理工程师审查签字、加盖执业印章后方可实施。

危大工程实行分包并由分包单位编制专项施工方案的，专项施工方案应当由总承包单位技术负责人及分包单位技术负责人共同审核签字并加盖单位公章。

第十二条 对于超过一定规模的危大工程，施工单位应当组织召开专家论证会对专项施工方案进行论证。实行施工总承包的，由施工总承包单位组织召开专家论证会。专家论证前专项施工方案应当通过施工单位审核和总监理工程师审查。

专家应当从地方人民政府住房城乡建设主管部门建立的专家库中选取，符合专业要求且人数不得少于5名。与本工程有利害关系的人员不得以专家身份参加专家论证会。

第十三条 专家论证会后，应当形成论证报告，对专项施工方案提出通过、修改后通过或者不通过的一致意见。专家对论证报告负责并签字确认。

专项施工方案经论证需修改后通过的，施工单位应当根据论证报告修改完善后，重新履行本规定第十一条的程序。

专项施工方案经论证不通过的，施工单位修改后应当按照本规定的要求重新组织专家论证。

4. 强化现场管理措施

第十四条 施工单位应当在施工现场显著位置公告危大工程名称、施工时间和具体责任人员，并在危险区域设置安全警示标志。

第十五条 专项施工方案实施前，编制人员或者项目技术负责人应当向施工现场管理人员进行方案交底。

施工现场管理人员应当向作业人员进行安全技术交底，并由双方和项目专职安全生产管理人员共同签字确认。

第十六条 施工单位应当严格按照专项施工方案组织施工，不得擅自修改专项施工方案。

因规划调整、设计变更等原因确需调整的，修改后的专项施工方案应当按照本规定重新审核和论证。涉及资金或者工期调整的，建设单位应当按照约定予以调整。

第十七条 施工单位应当对危大工程施工作业人员进行登记，项目负责人应当在施工现场履职。

项目专职安全生产管理人员应当对专项施工方案实施情况进行现场监督，对未按照专项施工方案施工的，应当要求立即整改，并及时报告项目负责人，项目负责人应当及时组织限期整改。

施工单位应当按照规定对危大工程进行施工监测和安全巡视，发现危及人身安全的紧急情况，应当立即组织作业人员撤离危险区域。

第十八条 监理单位应当结合危大工程专项施工方案编制监理实施细则，并对危大工程施工实施专项巡视检查。

第十九条 监理单位发现施工单位未按照专项施工方案施工的，应当要求其进行整改；情节严重的，应当要求其暂停施工，并及时报告建设单位。施工单位拒不整改或者不停止施工的，监理单位应当及时报告建设单位和工程所在地住房城乡建设主管部门。

第二十条 对于按照规定需要进行第三方监测的危大工程，建设单位应当委托具有相应勘察资质的单位进行监测。

监测单位应当编制监测方案。监测方案由监测单位技术负责人审核签字并加盖单位公章，报送监理单位后方可实施。

监测单位应当按照监测方案开展监测，及时向建设单位报送监测成果，并对监测成果负责；发现异常时，及时向建设、设计、施工、监理单位报告，建设单位应当立即组织相关单位采取处置措施。

第二十一条 对于按照规定需要验收的危大工程，施工单位、监理单位应当组织相关人员进行验收。验收合格的，经施工单位项目技术负责人及总监理工程师签字确认后，方可进入下一道工序。

危大工程验收合格后，施工单位应当在施工现场明显位置设置验收标识牌，公示验收时间及责任人员。

第二十二条 危大工程发生险情或者事故时，施工单位应当立即采取应急处置措施，并报告工程所在地住房城乡建设主管部门。建设、勘察、设计、监理等单位应当配合施工单位开展应急抢险工作。

第二十三条 危大工程应急抢险结束后，建设单位应当组织勘察、设计、施工、监理等单位制订工程恢复方案，并对应急抢险工作进行后评估。

第二十四条 施工、监理单位应当建立危大工程安全管理档案。

施工单位应当将专项施工方案及审核、专家论证、交底、现场检查、验收及整改等相关资料纳入档案管理。

监理单位应当将监理实施细则、专项施工方案审查、专项巡视检查、验收及整改等相关资料纳入档案管理。

5. 明确施工和监理单位的法律责任

第三十二条 施工单位未按照本规定编制并审核危大工程专项施工方案的，依照《建设工程安全生产管理条例》对单位进行处罚，并暂扣安全生产许可证30日；对直接负责的主管人员和其他直接责任人员处1000元以上5000元以下的罚款。

第三十三条 施工单位有下列行为之一的，依照《中华人民共和国安全生产法》《建设工程安全生产管理条例》对单位和相关责任人员进行处罚：

（一）未向施工现场管理人员和作业人员进行方案交底和安全技术交底的；

（二）未在施工现场显著位置公告危大工程，并在危险区域设置安全警示标志的；

（三）项目专职安全生产管理人员未对专项施工方案实施情况进行现场监督的。

第三十四条 施工单位有下列行为之一的，责令限期改正，处1万元以上3万元以下的罚款，并暂扣安全生产许可证30日；对直接负责的主管人员和其他直接责任人员处1000元以上5000元以下的罚款：

（一）未对超过一定规模的危大工程专项施工方案进行专家论证的；

（二）未根据专家论证报告对超过一定规模的危大工程专项施工方案进行修改，或者未按照本规定重新组织专家论证的；

（三）未严格按照专项施工方案组织施工，或者擅自修改专项施工方案的。

第三十五条 施工单位有下列行为之一的，责令限期改正，并处1万元以上3万元以下的罚款；对直接负责的主管人员和其他直接责任人员处1000元以上5000元以下的罚款：

（一）项目负责人未按照本规定现场履职或者组织限期整改的；

（二）施工单位未按照本规定进行施工监测和安全巡视的；

（三）未按照本规定组织危大工程验收的；

（四）发生险情或者事故时，未采取应急处置措施的；

（五）未按照本规定建立危大工程安全管理档案的。

第三十六条 监理单位有下列行为之一的，依照《中华人民共和国安全生产法》《建设工程安全生产管理条例》对单位进行处罚；对直接负责的主管人员和其他直接责任人员处1000元以上5000元以下的罚款：

（一）总监理工程师未按照本规定审查危大工程专项施工方案的；

（二）发现施工单位未按照专项施工方案实施，未要求其整改或者停工的；

（三）施工单位拒不整改或者不停止施工时，未向建设单位和工程所在地住房城乡建设主管部门报告的。

第三十七条 监理单位有下列行为之一的，责令限期改正，并处1万元以上3万元以下的罚款，对直接负责的主管人员和其他直接责任人员处1000元以上5000元以下的罚款；

（一）未按照本规定编制监理实施细则的；

（二）未对危大工程施工实施专项巡视检查的；

（三）未按照本规定参与组织危大工程验收的；

（四）未按照本规定建立危大工程安全管理档案的。

第三十八条 监测单位有下列行为之一的，责令限期改正，并处1万元以上3万元以下的罚款；对直接负责的主管人员和其他直接责任人员处1000元以上5000元以下的罚款：

（一）未取得相应勘察资质从事第三方监测的；

（二）未按照本规定编制监测方案的；

（三）未按照监测方案开展监测的；

（四）发现异常未及时报告的。

二、《危险性较大的分部分项工程安全管理规定》主要内容

（一）危险性较大的分部分项工程范围

1. 基坑工程

（1）开挖深度超过3m（含3m）的基坑（槽）的土方开挖、支护、降水工程。

（2）开挖深度虽未超过3m，但地质条件、周围环境和地下管线复杂，或影响毗邻建、构筑物安全的基坑（槽）的土方开挖、支护、降水工程。

2. 模板工程及支撑体系

（1）各类工具式模板工程：包括滑模、爬模、飞模、隧道模等工具。

（2）混凝土模板支撑工程：搭设高度5m及以上，或搭设跨度10m及以上，或施工总荷载（荷载效应基本组合的设计值，以下简称设计值）10kN/m^{2}及以上，或集中线荷载（设计值）15kN/m及以上，或高度大于支撑水平投影宽度且相对独立无联系构件的混凝土模板支撑工程。

（3）承重支撑体系：用于钢结构安装等满堂支撑体系。

3. 起重吊装及起重机械安装拆卸工程

（1）采用非常规起重设备、方法，且单件起吊重量在10kN及以上的起重吊装工程。

（2）采用起重机械进行安装的工程。
（3）起重机械安装和拆卸工程。

4. 脚手架工程

（1）搭设高度24m及以上的落地式钢管脚手架工程（包括采光井、电梯井脚手架）。
（2）附着式升降脚手架工程。
（3）悬挑式脚手架工程。
（4）高处作业吊篮。
（5）卸料平台、操作平台工程。
（6）异型脚手架工程。

5. 拆除工程

可能影响行人、交通、电力设施、通信设施或其他建筑物、构筑物安全的拆除工程。

6. 暗挖工程

采用矿山法、盾构法、顶管法施工的隧道、洞室工程。

7. 其他

（1）建筑幕墙安装工程。
（2）钢结构、网架和索膜结构安装工程。
（3）人工挖孔桩工程。
（4）水下作业工程。
（5）装配式建筑混凝土预制构件安装工程。
（6）采用新技术、新工艺、新材料、新设备可能影响工程施工安全，尚无国家、行业及地方技术标准的分部分项工程。

（二）超过一定规模的危险性较大的分部分项工程范围

1. 深基坑工程

开挖深度超过5m（含5m）的基坑（槽）的土方开挖、支护、降水工程。

2. 模板工程及支撑体系

（1）各类工具式模板工程：包括滑模、爬模、飞模、隧道模等工程。
（2）混凝土模板支撑工程：搭设高度8m及以上，或搭设跨度18m及以上，或施工总荷载（设计值）$15kN/m^2$及以上，或集中线荷载（设计值）20kN/m及以上。
（3）承重支撑体系：用于钢结构安装等满堂支撑体系，承受单点集中荷载7kN及以上。

3. 起重吊装及起重机械安装拆卸工程

（1）采用非常规起重设备、方法，且单件起吊重量在100kN及以上的起重吊装工程。
（2）起重量300kN及以上，或搭设总高度200m及以上，或搭设基础标高在200m及以上的起重机械安装和拆卸工程。

4. 脚手架工程

（1）搭设高度50m及以上的落地式钢管脚手架工程。
（2）提升高度在150m及以上的附着式升降脚手架工程或附着式升降操作平台工程。
（3）分段架体搭设高度20m及以上的悬挑式脚手架工程。

5. 拆除工程

（1）码头、桥梁、高架、烟囱、水塔或拆除中容易引起有毒有害气（液）体或粉尘扩散、易燃易爆事故发生的特殊建、构筑物的拆除工程。

（2）文物保护建筑、优秀历史建筑或历史文化风貌区影响范围内的拆除工程。

6. 暗挖工程

采用矿山法、盾构法、顶管法施工的隧道、洞室工程。

7. 其他

（1）施工高度50m及以上的建筑幕墙安装工程。

（2）跨度36m及以上的钢结构安装工程，或跨度60m及以上的网架和索膜结构安装工程。

（3）开挖深度16m及以上的人工挖孔桩工程。

（4）水下作业工程。

（5）重量1000kN及以上的大型结构整体顶升、平移、转体等施工工艺。

（6）采用新技术、新工艺、新材料、新设备可能影响工程施工安全，尚无国家、行业及地方技术标准的分部分项工程。

（三）专项方案内容

危大工程专项施工方案的主要内容应当包括：

（1）工程概况：危大工程概况和特点、施工平面布置、施工要求和技术保证条件。

（2）编制依据：相关法律、法规、规范性文件、标准、规范及施工图设计文件、施工组织设计等。

（3）施工计划：包括施工进度计划、材料与设备计划。

（4）施工工艺技术：技术参数、工艺流程、施工方法、操作要求、检查要求等。

（5）施工安全保证措施：组织保障措施、技术措施、监测监控措施等。

（6）施工管理及作业人员配备和分工：施工管理人员、专职安全生产管理人员、特种作业人员、其他作业人员等。

（7）验收要求：验收标准、验收程序、验收内容、验收人员等。

（8）应急处置措施。

（9）计算书及相关施工图纸。

（四）专项方案编制

施工单位应当在危大工程施工前组织工程技术人员编制专项施工方案。

实行施工总承包的，专项施工方案应当由施工总承包单位组织编制。危大工程实行分包的，专项施工方案可以由相关专业分包单位组织编制。

（五）专项方案审批

专项施工方案应当由施工单位技术负责人审核签字、加盖单位公章，并由总监理工程师审查签字、加盖执业印章后方可实施。

危大工程实行分包并由分包单位编制专项施工方案的，专项施工方案应当由总承包单位技术负责人及分包单位技术负责人共同审核签字并加盖单位公章。

（六）专家论证会参会人员

超过一定规模的危大工程专项施工方案专家论证会的参会人员应当包括：

（1）专家。

（2）建设单位项目负责人。

（3）有关勘察、设计单位项目技术负责人及相关人员。

（4）总承包单位和分包单位技术负责人或授权委派的专业技术人员、项目负责人、项目技术负责人、专项施工方案编制人员、项目专职安全生产管理人员及相关人员。

（5）监理单位项目总监理工程师及专业监理工程师。

（七）专家条件

设区的市级以上地方人民政府住房城乡建设主管部门建立的专家库专家应当具备以下基本条件：

（1）诚实守信、作风正派、学术严谨。

（2）从事相关专业工作15年以上或具有丰富的专业经验。

（3）具有高级专业技术职称。

（八）专家论证内容

对于超过一定规模的危大工程专项施工方案，专家论证的主要内容应当包括：

（1）专项施工方案内容是否完整、可行。

（2）专项施工方案计算书和验算依据、施工图是否符合有关标准规范。

（3）专项施工方案是否满足现场实际情况，并能够确保施工安全。

（九）专项施工方案修改

专家论证后，应当形成论证报告，对专项施工方案提出通过、修改后通过或者不通过的一致意见。专家对论证报告负责并签字确认。

专项施工方案经论证需修改后通过的，施工单位应当根据论证报告修改完善后，重新履行本规定第十一条的程序。

专项施工方案经论证不通过的，施工单位修改后应当按照本规定的要求重新组织专家论证。

（十）危大工程验收

对于按照规定需要验收的危大工程，施工单位、监理单位应当组织相关人员进行验收。验收合格的，经施工单位项目技术负责人及总监理工程师签字确认后，方可进入下一道工序。

危大工程验收合格后，施工单位应当在施工现场明显位置设置验收标识牌，公示验收时间及责任人员。

第五章　施工安全生产许可证管理

一、安全生产条件

《建筑施工企业安全生产许可证管理规定》（建设部令第128号）规定：

第四条　建筑施工企业取得安全生产许可证，应当具备下列安全生产条件：

（一）建立、健全安全生产责任制，制定完备的安全生产规章制度和操作规程。

（二）保证本单位安全生产条件所需资金的投入。

（三）设置安全生产管理机构，按照国家有关规定配备专职安全生产管理人员。

（四）主要负责人、项目负责人、专职安全生产管理人员经建设主管部门或者其他有关部门考核合格。

（五）特种作业人员经有关业务主管部门考核合格，取得特种作业操作资格证书。

（六）管理人员和作业人员每年至少进行一次安全生产教育培训并考核合格。

（七）依法参加工伤保险，依法为施工现场从事危险作业的人员办理意外伤害保险，为从业人员缴纳保险费。

（八）施工现场的办公、生活区及作业场所和安全防护用具、机械设备、施工机具及配件符合有关安全生产法律、法规、标准和规程的要求。

（九）有职业危害防治措施，并为作业人员配备符合国家标准或者行业标准的安全防护用具和安全防护服装。

（十）有对危险性较大的分部分项工程及施工现场易发生重大事故的部位、环节的预防、监控措施和应急预案。

（十一）有生产安全事故应急救援预案、应急救援组织或者应急救援人员，配备必要的应急救援器材、设备。

（十二）法律、法规规定的其他条件。

二、罚则

第二十二条 取得安全生产许可证的建筑施工企业，发生重大安全事故的，暂扣安全生产许可证并限期整改。

第二十三条 建筑施工企业不再具备安全生产条件的，暂扣安全生产许可证并限期整改；情节严重的，吊销安全生产许可证。

第二十四条 违反本规定，建筑施工企业未取得安全生产许可证擅自从事建筑施工活动的，责令其在建项目停止施工，没收违法所得，并处10万元以上50万元以下的罚款；造成重大安全事故或者其他严重后果，构成犯罪的，依法追究刑事责任。

第二十五条 违反本规定，安全生产许可证有效期满未办理延期手续，继续从事建筑施工活动的，责令其在建项目停止施工，限期补办延期手续，没收违法所得，并处5万元以上10万元以下的罚款；逾期仍不办理延期手续，继续从事建筑施工活动的，依照本规定第二十四条的规定处罚。

第二十六条 违反本规定，建筑施工企业转让安全生产许可证的，没收违法所得，处10万元以上50万元以下的罚款，并吊销安全生产许可证；构成犯罪的，依法追究刑事责任；接受转让的，依照本规定第二十四条的规定处罚。

冒用安全生产许可证或者使用伪造的安全生产许可证的，依照本规定第二十四条的规定处罚。

第二十七条 违反本规定，建筑施工企业隐瞒有关情况或者提供虚假材料申请安全生产许可证的，不予受理或者不予颁发安全生产许可证，并给予警告，1年内不得申请安全生产许可证。

建筑施工企业以欺骗、贿赂等不正当手段取得安全生产许可证的，撤销安全生产许可证，3年内不得再次申请安全生产许可证；构成犯罪的，依法追究刑事责任。

三、安全生产许可证的有效期与续期

安全生产许可证有效期为3年。安全生产许可证有效期满需要延期的，企业应当于期满前3个月向原安全生产许可证颁发管理机关提出延期申请。

四、安全生产许可证的暂扣与吊销

《建筑施工企业安全生产许可证动态监管暂行办法》（建质〔2008〕121号）中规定：

第十四条 暂扣安全生产许可证处罚视事故发生级别和安全生产条件降低情况，按下列标准执行：

（一）发生一般事故的，暂扣安全生产许可证30～60日。

（二）发生较大事故的，暂扣安全生产许可证60～90日。

（三）发生重大事故的，暂扣安全生产许可证90～120日。

第十五条 建筑施工企业在12个月内第二次发生生产安全事故的，视事故级别和安全生产条件降低情况，分别按下列标准进行处罚：

（一）发生一般事故的，暂扣时限为在上一次暂扣时限的基础上再增加30日。

（二）发生较大事故的，暂扣时限为在上一次暂扣时限的基础上再增加60日。

（三）发生重大事故的，或按本条（一）、（二）处罚暂扣时限超过120日的，吊销安全生产许可证。

12个月内同一企业连续发生三次生产安全事故的，吊销安全生产许可证。

第十六条 建筑施工企业瞒报、谎报、迟报或漏报事故的，在本办法第十四条、第十五条处罚的基础上，再处延长暂扣期30～60日的处罚。暂扣时限超过120日的，吊销安全生产许可证。

第十七条 建筑施工企业在安全生产许可证暂扣期内，拒不整改的，吊销其安全生产许可证。

第十八条 建筑施工企业安全生产许可证被暂扣期间，企业在全国范围内不得承揽新的工程项目。发生问题或事故的工程项目停工整改，经工程所在地有关建设主管部门核查合格后方可继续施工。

第十九条 建筑施工企业安全生产许可证被吊销后，自吊销决定作出之日起一年内不得重新申请安全生产许可证。

第二十条 建筑施工企业安全生产许可证暂扣期满前10个工作日，企业需向颁发管理机关提出发还安全生产许可证申请。颁发管理机关接到申请后，应当对被暂扣企业安全生产条件进行复查，复查合格的，应当在暂扣期满时发还安全生产许可证；复查不合格的，增加暂扣期限直至吊销安全生产许可证。

第二部分　安全事故处理

第一章　安全事故应急救援预案编制

一、相关法律法规

《建设工程安全生产管理条例》明确规定：

第四十七条　县级以上地方人民政府建设行政主管部门应当根据本级人民政府的要求，制定本行政区域内建设工程特大生产安全事故应急救援预案。

第四十八条　施工单位应当制定本单位生产安全事故应急救援预案，建立应急救援组织或者配备应急救援人员，配备必要的应急救援器材、设备，并定期组织演练。

第四十九条　施工单位应当根据建设工程施工的特点、范围，对施工现场易发生重大事故的部位、环节进行监控，制定施工现场生产安全事故应急救援预案。实行施工总承包的，由总承包单位统一组织编制建设工程生产安全事故应急救援预案，工程总承包单位和分包单位按照应急救援预案，各自建立应急救援组织或者配备应急救援人员，配备救援器材、设备，并定期组织演练。

《中华人民共和国安全生产法》明确规定：

第二十一条　生产经营单位的主要负责人对本单位安全生产工作负有下列职责：

（六）组织制定并实施本单位的生产安全事故应急救援预案。

第四十条　生产经营单位对重大危险源应当登记建档，进行定期检测、评估、监控，并制定应急预案，告知从业人员和相关人员在紧急情况下应当采取的应急措施。

《中华人民共和国职业病防治法》明确规定：

第二十条　用人单位应当采取下列职业病防治管理措施：

（六）建立、健全职业病危害事故应急救援预案。

《中华人民共和国消防法》明确规定：

第十六条　机关、团体、企业、事业等单位应当履行下列消防安全职责：

（一）落实消防安全责任制，制定本单位的消防安全制度、消防安全操作规程，制定灭火和应急疏散预案。

《中华人民共和国特种设备安全法》明确规定：

第六十九条　特种设备使用单位应当制订特种设备的事故应急专项预案，并定期进行应急演练。

二、公司应急救援预案编制案例

为了贯彻落实《中华人民共和国安全生产法》、《安全生产许可证条例》（中华人民共和国国务院令第 397 号)、《国务院关于特大安全事故行政责任追究的规定》(中华人民共和国国务院令第 302 号)、《中华人民共和国建筑法》、《中华人民共和国职业病防治法》、《中华人民共和国消防法》、《危险化学品安全管理条例》(中华人民共和国国务院令第 344 号)、《特种设备安全监察条例》(中华人民共和国国务院令第 373 号)、《建筑设计防火规范》(GB 50016—2014)、《使用有毒物品作业场所劳动保护条例》(中华人民共和国国务院令第 352 号)和本集团《应急准备和响应控制程序》,指导子公司、项目部开展本区域内重特大安全生产事故应急救援工作,在集团内建立应急救援体系,努力减少重特大事故造成的人员伤亡和财产损失及对环境产生的不利影响,特制订本预案。

(一)危险源的识别评价和重特大危险源的调查

根据本集团有关规定和标准对集团内的危险源进行辨识评价,集团内重大危险源和可能的突发事件见表 2-1-1。

表 2-1-1 重大危险源及可能突发事件

<table>
<tr><th>分类</th><th>房建项目</th><th>路桥项目</th><th>隧道项目</th></tr>
<tr><td>火灾</td><td>易发生地点:仓库、职工宿舍、防水作业区、木材加工存储区、总配电箱等。
火灾类型:含碳固体可燃物,甲、乙、丙类液体(如汽油、煤油、柴油、甲醇等)燃烧的火灾,带电物体燃烧的火灾</td><td>主要危险源</td><td rowspan="7">与房建项目重大危险源相同,但重点是架桥机倾覆、机械伤害、触电等</td></tr>
<tr><td>高处坠落</td><td>易发生地点:脚手架施工区、外墙施工区、塔式起重机安拆区等。
事故后果:人员外伤、骨折等</td><td>—</td></tr>
<tr><td>物体打击</td><td>易发生地点:无安全通道建筑物进出入口、脚手架施工区、塔式起重机安拆区等。
事故后果:人员外伤、颅骨损伤等</td><td>—</td></tr>
<tr><td>触电</td><td>易发生地点:整个施工区域。
事故后果:人员电击伤</td><td>主要危险源</td></tr>
<tr><td>机械事故</td><td>易发生地点:钢筋加工区、木工加工区、搅拌站等。
事故后果:人员外伤、肢体缺失</td><td>主要危险源</td></tr>
<tr><td>起重设备倾覆</td><td>易发生地点:吊车活动区内。
事故后果:设备严重损坏、人员外伤</td><td>—</td></tr>
<tr><td>坍塌事故</td><td>易发生地点:基础施工区、脚手架周边等。
事故后果:人员窒息等</td><td>主要原因:隧道穿过不良地层时,隧道开挖引起重要建筑物不均匀沉降;竖井或明挖基坑开挖时引起周边建筑物倾斜、裂缝;爆破施工对临近建筑物的影响;明挖基 坑(桩)因涌砂流出引起支护开裂等</td></tr>
<tr><td>其他突发事件</td><td colspan="3">夏季露天作业发生中暑;食用变质或受污染食品;食堂工作人员渎职,发生群体食物中毒;工地内环境卫生条件恶化,发生传染疾病;季节周期性所特有的传染疾病传入工地等原因,施工现场可能突发疫情、食物中毒、中暑等情况。
由于施工的地理位查原因、其他可能的突发事件还有台风、洪水等</td></tr>
</table>

注:各子公司、项目部在编制事故应急救援预案前,应按集团有关规定和标准,对本单位内的重特大危险源进行辨识和评价,应明确以下重特大危险源的信息:

① 危险源的基本情况。重特大危险源存在的具体部位,发生事故时可能的时期;

② 危险源周围环境的基本情况。考虑危险源一旦发生事故对周围环境的影响,以及周边环境中危险因素对危险源的影响程度;

③ 危险源周边环境情况,包括可能灾害形式、最大危险区域面积等;

④ 周边情况对危险源的影响,主要考虑的危险因素是:火源、输配电装置、交通及其他。

（二）建立应急救援组织

1. 成立应急救援的独立领导小组（指挥中心）

应急预案领导小组及其人员组成，如图 2-1-1 所示。

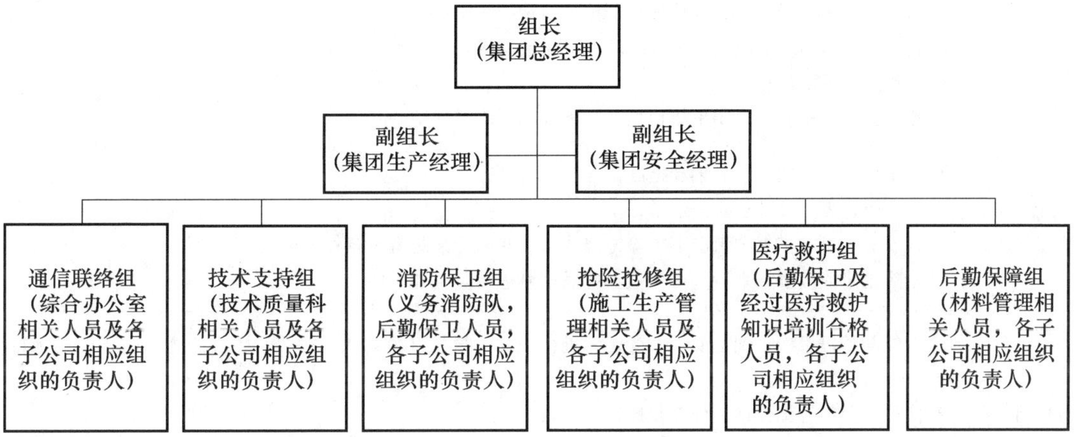

图 2-1-1　应急预案领导小组及其人员组成

2. 应急组织的分工职责

应急组织的分工职责，见表 2-1-2。

表 2-1-2　应急组织的分工职责

职务	职责
组长	① 决定是否存在或可能存在重大紧急事故，要求应急服务机构提供帮助，并实施场外应急计划，在不受事故影响的地方进行直接操作控制； ② 复查和评估事故（事件）可能的发展方向，确定其可能的发展过程； ③ 指导设施的部分停工，并与领导小组的关键成员配合指挥现场人员的撤离，并确保任何伤害者都能得到足够的重视； ④ 与场外应急机构取得联系及对紧急情况的记录作业安排； ⑤ 在场（设施）内进行交通管制，协助场外应急机构开展服务工作； ⑥ 在紧急状态结束后，控制受影响地点的恢复，并组织人员参加事故的分析和处理
副组长	① 评估事故的规模和发展态势，建立应急步骤，确保员工的安全和减少设施财产的损失； ② 如有必要，在救援服务机构来之前直接参与救护活动； ③ 安排寻找受伤者及安排非重要人员撤离到集中地带； ④ 建立与应中心的通信联络
通信联络组	① 确保与最高管理者和外部联系通畅、内外信息反馈迅速； ② 保持通信设施和通信设备处于良好状态； ③ 负责应急过程的记录与整理及对外联络
技术支持组	① 提出抢险抢修及避免事故扩大临时方案和措施； ② 指导抢险抢修组实施应急方案和措施； ③ 修补实施中的应急方案和措施存在的缺陷； ④ 绘制事故现场平面图，标明重点部位，向外部救援机构提供准确的抢险救援信息资料

续表

职务	职责
消防保卫组	① 事故引发火灾，执行防火方案中应急预案程序； ② 事故现场警戒线、岗，维持项目部抢险救护的正常运作； ③ 保抢险救援通道的通畅，引导抢险救援车辆的进入； ④ 保护受害人财产； ⑤ 抢救救援结束后，封闭事故现场，直到收到明确解除指令
抢险抢修组	① 实施抢险抢修的应急方案和措施，并不断改进； ② 寻找受害者并转移至安全地带； ③ 在事故有可能扩大的情况下抢险抢修或救援时高度注意避免意外伤害； ④ 抢险抢修或救援结束后，报告组长并对结果进行复查和评估
医疗救护组	① 在外部救援机构未到达前，对受害者进行必要的抢救（例如人工呼吸、包扎止血、防止受伤部位受污染等）； ② 使重度受伤者优先得到外部救援机构的救护； ③ 协助外部救援机构转送受害者至医疗机构，并指使人员护理受害者
后勤保障组	① 保障各组人员系统内必需的防护、救护及生活用品的供给； ② 提供合格的抢险抢修或救援的物质及设备

3. 子公司和项目部应急救援组织成员

根据集团组织结构，一般可采用以下应急救援组织机构，子公司、项目部也可根据其实际情况对下列人员进行调整。

（1）子公司应急救援组织成员，如图 2-1-2 所示。

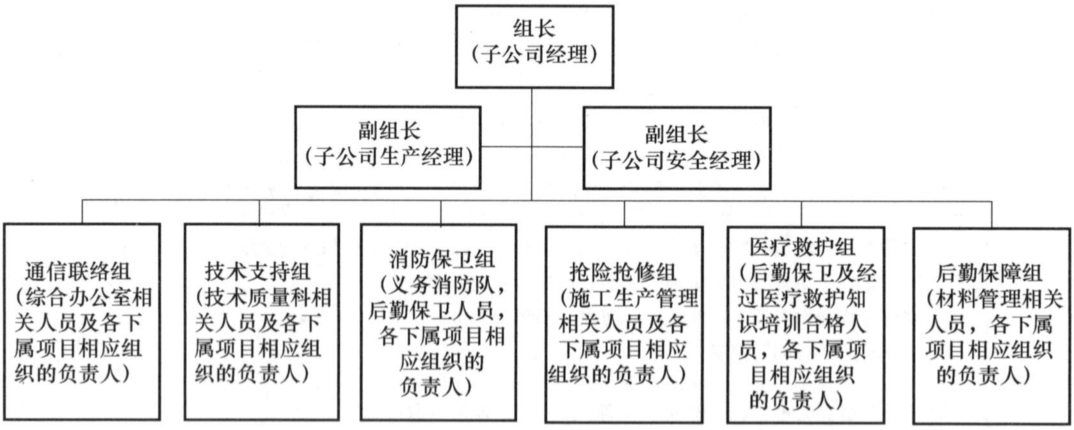

图 2-1-2　子公司应急救援组织成员

（2）项目部应急救援组织成员，如图 2-1-3 所示。

（3）生产安全事故应急救援程序。

集团、子公司及项目部建立安全值班制度，设值班电话并保证 24 小时轮流值班，如发生生产安全事故立即上报，具体上报程序如图 2-1-4 所示。

（4）施工现场的应急处理。

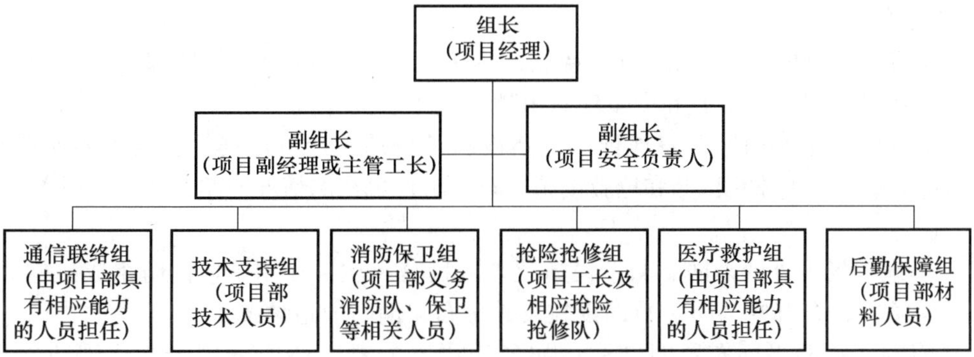

图 2-1-3　项目部应急救援组织成员

图 2-1-4　上报程序框图

（三）制订相应的应急救援技术措施

根据重特大危险源和突发事件调查的结果，由技术部门制订相应的应急救援技术措施和步骤，技术措施要结合危险源所在部位的实际特点，具有针对性和可操作性。相应的技术措施应编入施工组织设计和专项方案中。

三、项目经理部安全应急预案案例

1. 目的

为预防或减少项目经理部各类事故灾害，减少人员伤亡和财产损失，保证本项目在出现生产安全事故时，对需要救援或撤离的人员提供援助，并使其得到及时有效的治疗，从而最大限度地降低生产安全事故给本项目施工人员所造成的损失，根据新《中华人民共和国安全生产法》《中华人民共和国消防法》《××市建设工程重大安全事故应急救援预案》和《建设工程安全生产管理条例》，特制订本预案。

2. 适用范围

本预案适用于项目经理部在紧急情况下采取应急救援处理的全过程。

3. 工程简介

（1）介绍项目的工程概况、施工特点和内容（注：项目所在的地理位置、地形特点、工地外围的环境、居民、交通和安全注意事项、气象状况等）。

（2）施工现场的临时医务室或保健医药设施及场外医疗机构（注：要说明医务人员名单，联系电话，有哪些常用医药和抢救设施，附近医疗机构的情况介绍，位置、距离、联系电话等）。

（3）工地现场内外的消防、救助设施及人员状况（注：介绍工地消防组成机构和成员，成立义务消防队，有哪些消防、救助设施及其分布，消防通道情况等）。

（4）附施工消防平面布置图（注：如各楼层不一样，还应分层绘制。消防平面布置图中应画出消防栓、灭火器的设置位置，易燃易爆的位置，消防紧急通道，疏散路线等）。

4. 职责权限

应急救援组织为项目部非常设机构，对应公司应急救援机构设应急救援总指挥一名，应急救援副总指挥一名。下辖现场抢救组、技术处理组、善后工作组、后勤供应组、事故调查组五个非常设临时机动小组。

应急救援总指挥的职能及职责，见表 2-1-3。

表 2-1-3 应急救援总指挥的职能及职责

职务	职责
应急救援总指挥	①发布应急救援预案的启动命令； ② 分析紧急状态，确定相应报警级别，根据相关危险类型、潜在后果、现有资源，制订紧急情况的行动类型； ③ 现场的指挥与协调； ④ 与企业外应急反应人员、部门、组织和机构进行联络； ⑤ 应急评估、确定升高或降低应急警报级别； ⑥ 通报外部机构，决定请求外部援助； ⑦ 决定应急撤离，以及事故现场外影响区域的安全性
应急救援副总指挥	① 协助总指挥组织和指挥现场应急救援操作任务； ② 向总指挥提出采取减缓事故后果行动的应急反应对策和建议； ③ 协调、组织获取应急所需的其他资源、设备，以支援现场进行的应急操作； ④ 在平时，组织公司总部的相关技术和管理人员对施工场区进行巡查，定期检查各常设应急反应组织和部门的日常工作及应急反应准备状态
现场抢救组	① 抢救现场伤员； ② 抢救现场物资； ③ 在必要情况下组建现场消防队； ④ 保证现场救援通道的畅通
技术处理组	① 根据各项目经理部的施工生产内容及特点，制定其可能出现而必须运用建筑工程技术解决的应急反应方案，整理归档，为事故现场提供有效的工程技术服务做好技术储备； ② 应急预案启动后，根据事故现场的特点，及时向应急总指挥提供科学的工程技术方案和技术支持，有效地指导应急反应行动中的工程技术工作

续表

职务	职责
善后工作组	① 做好伤亡人员及家属的稳定工作，确保事故发生后伤亡人员及家属思想能够稳定，大灾之后不发生大乱； ② 做好受伤人员医疗救护的跟踪工作，协调处理医疗救护单位的相关矛盾； ③ 与保险部门一起做好伤亡人员及财产损失的理赔工作； ④ 慰问有关伤员及家属； ⑤ 保险理赔事宜的处理
事故调查组	① 保护事故现场； ② 对现场的有关实物资料进行取样封存； ③ 调查了解事故发生的主要原因及相关人员的责任； ④ 按“四不放过”的原则对相关人员进行处罚、教育； ⑤ 对事故进行经验性的总结
后勤供应组	① 迅速调配抢险物资器材至事故发生点； ② 提供和检查抢险人员的装备和安全防护； ③ 及时提供后续的抢险物资； ④ 迅速组织后勤必需供给的物品，并及时输送后勤物品到抢险人员手中

应急救援总指挥由项目经理担任，应急救援副总指挥由项目副经理担任。下辖的现场抢救组、技术处理组、善后工作组、后勤供应组、事故调查组五个非常设临时机动小组分别由现场土建工长、项目工程师、水电工长、材料员、安全员任组长，并选择相关人员组成。

5. 项目部风险分析

根据以往施工项目经验和建筑业施工特点，本项目存在的主要风险如下：

（1）火灾。

（2）高处坠落。

（3）坍塌。

（4）倾覆。

（5）触电。

（6）机械伤害。

（7）物体打击。

（8）食物中毒，传染性疾病。

6. 生产安全事故应急救援程序

公司及工地建立安全值班制度，设值班电话并保证24小时轮流值班。如发生安全事故立即上报，具体上报程序如图2-1-5所示。

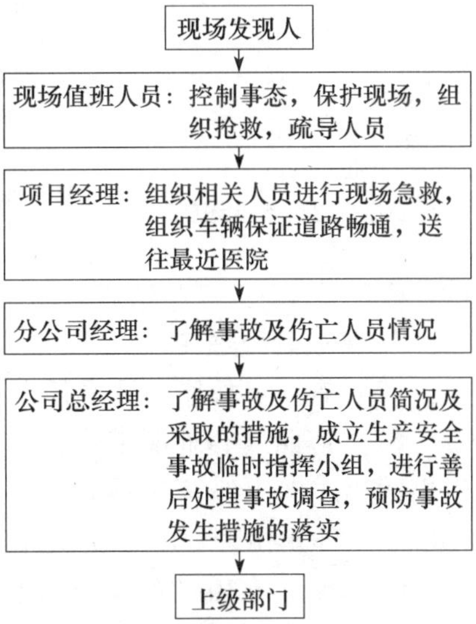

图2-1-5　安全事故上报程序框图

7. 施工现场的应急处理设备和设施管理

施工现场的应急处理设备和设施管理如表2-1-4所示。

表 2-1-4　应急处理设备管理

应急电话 报救须知	火灾、火警	119
	工伤、重病人	120
	偷盗、斗殴等	110
	燃气管道、供电、自来水维修	当地市政服务电话
应急电话 报救要点	1. 针对不同的事故事件应分别说明	（1）人员伤害。说明受伤人员数量、受伤部位、伤者症状和已经采取了什么措施，以便让救护人员事先做好急救的准备； （2）食物中毒和传染性疾病。说明得病人员数量、症状和已经采取的措施，以便让救护人员事先做好急救的准备； （3）火灾。说明燃烧的物质、火势和火灾发生的具体部位，以便让消防人员调配适当的、足够的消防设备
	2. 讲清楚伤者（事故）发生的具体地方	
	3. 说明报救者单位、姓名、报救者（或事故地点）的电话，以便救护车（消防车）找不到所报地方时，随时通过电话通信联系。基本打完报救电话后，应问接报人员还有什么问题不清楚，如无问题才能挂断电话。通完电话后，应派人在现场外等候接应救护车，同时把救护车进工地现场的路上障碍及时予以清除，以利救护车到达后，能及时进行抢救	
救援器材	1. 医疗器材。担架 1 副、氧气袋 1 个、急救箱 1 个（内有常用急救药品）（注：医疗器材应以简单和适用为原则，保证现场急救的基本需要，并可根据不同情况予以增减，定期检查补充，确保随时可供急救使用）； 2. 抢救工具。一般工地常备工具，即基本满足使用； 3. 通信器材。固定电话、手机、对讲机若干； 4. 灭火器材。灭火器日常按要求就位，紧急情况下集中使用	
其他应急设备和设施	1. 应急照明：现场常年库存储备有手电筒 5 把，相应灯泡 5 个，干电池 20 节，塔式起重机上部设置照明镝灯 3 台，单独回路供电，用于现场大面积照明； 2. 各类安全禁止、警告、指令、提示标志牌、安全带及安全绳等专用应急设备和设施工具	

8. 事故后处理工作

（1）查明事故原因及责任人。

（2）遵照《企业职工伤亡事故报告和处理规定》（中华人民共和国国务院第 75 号令），以书面形式向上级写出报告，包括发生事故时间、地点、受伤（死亡）人员姓名、性别、年龄、工种、伤害程度、受伤部位。

（3）制订有效的纠正（预防）措施，防止此类事故再次发生。对于所有拟订的纠正（预防）措施，在其实施前应先通过风险评价过程进行评审，以识别是否会产生新的风险。评价应对风险的大小、后果进行识别和评价。风险大的纠正（预防）措施应坚决放弃。最终采取的措施应与问题的严重性和风险相适应，并记录措施的执行情况。

（4）组织所有人员进行事故教育，向所有人员进行事故教育，向所有人员宣读事故结果及对责任人的处理意见。

（5）善后处理。配合公司善后小组进行善后处理，避免发生不必要的冲突。

9. 应急预案的评审

应急事故发生后，或依照《××项目应急救援预案演练计划》进行演练后，应对预案的可实施性进行评审。评审内容包括：

（1）预案实施过程中各机构、人员的配合程度。

（2）预案中各项措施的有效性和人员熟悉情况。

（3）预案中是否存在没有识别到的风险。

第二章　安全事故处理

一、法律法规要求

（1）《中华人民共和国安全生产法》规定：

第八十六条　事故调查处理应当按照科学严谨、依法依规、实事求是、注重实效的原则，及时、准确地查清事故原因，查明事故性质和责任，评估应急处置工作，总结事故教训，提出整改措施，并对事故责任单位和人员提出处理建议。事故调查报告应当依法及时向社会公布。事故调查和处理的具体办法由国务院制定。

事故发生单位应当及时全面落实整改措施，负有安全生产监督管理职责的部门应当加强监督检查。

负责事故调查处理的国务院有关部门和地方人民政府应当在批复事故调查报告后一年内，组织有关部门对事故整改和防范措施落实情况进行评估，并及时向社会公开评估结果；对不履行职责导致事故整改和防范措施没有落实的有关单位和人员，应当按照有关规定追究责任。

第八十七条　生产经营单位发生生产安全事故，经调查确定为责任事故的，除了应当查明事故单位的责任并依法予以追究外，还应当查明对安全生产的有关事项负有审查批准和监督职责的行政部门的责任，对有失职、渎职行为的，依照本法第九十条的规定追究法律责任。

第八十八条　任何单位和个人不得阻挠和干涉对事故的依法调查处理。

（2）《建设工程安全生产管理条例》规定：

第五十条　施工单位发生生产安全事故，应当按照国家有关伤亡事故报告和调查处理的规定，及时、如实地向负责安全生产监督管理的部门、建设行政主管部门或者其他有关部门报告；特种设备发生事故的，还应当同时向特种设备安全监督管理部门报告。接到报告的部门应当按照国家有关规定，如实上报。

实行施工总承包的建设工程，由总承包单位负责上报事故。

第五十一条　发生生产安全事故后，施工单位应当采取措施防止事故扩大，保护事故现场。需要移动现场物品时，应当做出标记和书面记录，妥善保管有关证物。

第五十二条　建设工程生产安全事故的调查、对事故责任单位和责任人的处罚与处理，按照有关法律、法规的规定执行。

二、安全事故的分类

根据生产安全事故（以下简称事故）造成的人员伤亡或者直接经济损失，事故一般分为以下等级：

（1）特别重大事故，是指造成30人以上死亡，或者100人以上重伤（包括急性工业中毒，下同），或者1亿元以上直接经济损失的事故。

（2）重大事故，是指造成10人以上30人以下死亡，或者50人以上100人以下重伤，或者5000万元以上1亿元以下直接经济损失的事故。

（3）较大事故，是指造成3人以上10人以下死亡，或者10人以上50人以下重伤，或者1000万元以上5000万元以下直接经济损失的事故。

（4）一般事故，是指造成3人以下死亡，或者10人以下重伤，或者1000万元以下直接经济损失的事故。

三、安全事故的报告

1. 安全事故的上报程序

（1）事故发生后，事故现场有关人员应当立即向本单位负责人报告；单位负责人接到报告后，应当于1小时内向事故发生地县级以上人民政府安全生产监督管理部门和负有安全生产监督管理职责的有关部门报告。

（2）情况紧急时，事故现场有关人员可以直接向事故发生地县级以上人民政府安全生产监督管理部门和负有安全生产监督管理职责的有关部门报告。

（3）安全生产监督管理部门和负有安全生产监督管理职责的有关部门接到事故报告后，应当依照下列规定上报事故情况，并通知公安机关、劳动保障行政部门、工会和人民检察院：

① 特别重大事故、重大事故逐级上报至国务院安全生产监督管理部门和负有安全生产监督管理职责的有关部门。

② 较大事故逐级上报至省、自治区、直辖市人民政府安全生产监督管理部门和负有安全生产监督管理职责的有关部门。

③ 一般事故上报至设区的市级人民政府安全生产监督管理部门和负有安全生产监督管理职责的有关部门。

④ 安全生产监督管理部门和负有安全生产监督管理职责的有关部门逐级上报事故情况，每级上报的时间不得超过2小时。

2. 事故报告内容

报告事故应当包括下列内容：

（1）事故发生单位概况。

（2）事故发生的时间、地点以及事故现场情况。

（3）事故的简要经过。

（4）事故已经造成或者可能造成的伤亡人数（包括下落不明的人数）和初步估计的直接经济损失。

（5）已经采取的措施及初步原因。

（6）其他应当报告的情况。

（7）事故报告后出现新情况的，应当及时补报。

自事故发生之日起30日内，事故造成的伤亡人数发生变化的，应当及时补报。道路交通事故、火灾事故自发生之日起7日内，事故造成的伤亡人数发生变化的，应当及时补报。

（8）事故报告单位或报告人员。

四、安全事故的调查

1. 事故调查组的组成

（1）特别重大事故由国务院或者国务院授权有关部门组织事故调查组进行调查。

（2）重大事故、较大事故、一般事故分别由事故发生地省级人民政府、设区的市级人民政府、县级人民政府负责调查。省级人民政府、设区的市级人民政府、县级人民政府可以直接组织事故调查组进行调查，也可以授权或者委托有关部门组织事故调查组进行调查。

（3）未造成人员伤亡的一般事故，县级人民政府也可以委托事故发生单位组织事故调查组进行调查。

（4）自事故发生之日起 30 日内（道路交通事故、火灾事故自发生之日起 7 日内），因事故伤亡人数变化导致事故等级发生变化，依照本条例规定应当由上级人民政府负责调查的，上级人民政府可以另行组织事故调查组进行调查。

（5）特别重大事故以下等级事故，事故发生地与事故发生单位不在同一个县级以上行政区域的，由事故发生地人民政府负责调查，事故发生单位所在地人民政府应当派人参加。

（6）根据事故的具体情况，事故调查组由有关人民政府、安全生产监督管理部门、负有安全生产监督管理职责的有关部门、监察机关、公安机关以及工会派人组成，并应当邀请人民检察院派人参加。

2. 事故调查报告内容

事故调查报告应当包括下列内容：

（1）事故发生单位概况。

（2）事故发生经过和事故救援情况。

（3）事故造成的人员伤亡和直接经济损失。

（4）事故发生的原因和事故性质。

（5）事故责任的认定以及对事故责任者的处理建议。

（6）事故防范和整改措施。

五、法律责任

《生产安全事故报告和调查处理条例》（国务院令第 493 号）（下文简称《条例》）规定：

第三十五条 事故发生单位主要负责人有下列行为之一的，处上一年年收入 40% 至 80% 的罚款；属于国家工作人员的，并依法给予处分；构成犯罪的，依法追究刑事责任：

（一）不立即组织事故抢救的；

（二）迟报或者漏报事故的；

（三）在事故调查处理期间擅离职守的。

第三十六条 事故发生单位及其有关人员有下列行为之一的，对事故发生单位处 100 万元以上 500 万元以下的罚款；对主要负责人、直接负责的主管人员和其他直接责任人员处上一年年收入 60% 至 100% 的罚款；属于国家工作人员的，并依法给予处分；构成违反治安管理行为的，由公安机关依法给予治安管理处罚；构成犯罪的，依法追究刑事责任：

（一）谎报或者瞒报事故的；
（二）伪造或者故意破坏事故现场的；
（三）转移、隐匿资金、财产，或者销毁有关证据、资料的；
（四）拒绝接受调查或者拒绝提供有关情况和资料的；
（五）在事故调查中作伪证或者指使他人作伪证的；
（六）事故发生后逃匿的。

第三十七条 事故发生单位对事故发生负有责任的，依照下列规定处以罚款：
（一）发生一般事故的，处10万元以上20万元以下的罚款；
（二）发生较大事故的，处20万元以上50万元以下的罚款；
（三）发生重大事故的，处50万元以上200万元以下的罚款；
（四）发生特别重大事故的，处200万元以上500万元以下的罚款。

第三十八条 事故发生单位主要负责人未依法履行安全生产管理职责，导致事故发生的，依照下列规定处以罚款；属于国家工作人员的，并依法给予处分；构成犯罪的，依法追究刑事责任：
（一）发生一般事故的，处上一年年收入30%的罚款；
（二）发生较大事故的，处上一年年收入40%的罚款；
（三）发生重大事故的，处上一年年收入60%的罚款；
（四）发生特别重大事故的，处上一年年收入80%的罚款。

第三十九条 有关地方人民政府、安全生产监督管理部门和负有安全生产监督管理职责的有关部门有下列行为之一的，对直接负责的主管人员和其他直接责任人员依法给予处分；构成犯罪的，依法追究刑事责任：
（一）不立即组织事故抢救的；
（二）迟报、漏报、谎报或者瞒报事故的；
（三）阻碍、干涉事故调查工作的；
（四）在事故调查中作伪证或者指使他人作伪证的。

第四十条 事故发生单位对事故发生负有责任的，由有关部门依法暂扣或者吊销其有关证照；对事故发生单位负有事故责任的有关人员，依法暂停或者撤销其与安全生产有关的执业资格、岗位证书；事故发生单位主要负责人受到刑事处罚或者撤职处分的，自刑罚执行完毕或者受处分之日起，5年内不得担任任何生产经营单位的主要负责人。

为发生事故的单位提供虚假证明的中介机构，由有关部门依法暂扣或者吊销其有关证照及其相关人员的执业资格；构成犯罪的，依法追究刑事责任。

《〈生产安全事故报告和调查处理条件〉罚款处罚暂行规定》（国家安全生产监督总局第77号令）规定：

第十一条 事故发生单位主要负责人有《中华人民共和国安全生产法》第一百零六条、《条例》第三十五条规定的下列行为之一的，依照下列规定处以罚款：
（一）事故发生单位主要负责人在事故发生后不立即组织事故抢救的，处上一年年收入100%的罚款；
（二）事故发生单位主要负责人迟报事故的，处上一年年收入60%～80%的罚款；漏报事故的，处上一年年收入40%～60%的罚款；

（三）事故发生单位主要负责人往事故调查处理期间擅离职守的，处上一年年收入80%～100%的罚款。

第十二条 事故发生单位有《条例》第三十六条规定行为之一的，依照《国家安全监管总局关于印发〈安全生产行政处罚自由裁量标准〉的通知》（安监总政法〔2010〕137号）等规定给予罚款。

第十三条 事故发生单位的主要负责人、直接负责的主管人员和其他直接责任人员有《中华人民共和国安全生产法》第一百零六条，《条例》第三十六条规定的行为之一的，依照下列规定处以罚款：

（一）伪造、故意破坏事故现场，或者转移、隐匿资金、财产、销毁有关证据、资料，或者拒绝接受调查，或者拒绝提供有关情况和资料，或者在事故调查中作伪证，或者指使他人作伪证的，处上一年年收入80%～90%的罚款；

（二）谎报、瞒报事故或者事故发生后逃匿的，处上一年年收入100%的罚款。

第十四条 事故发生单位对造成3人以下死亡，或者3人以上10人以下重伤（包括急性工业中毒，下同），或者300万元以上1000万元以下直接经济损失的一般事故负有责任的，处20万元以上50万元以下的罚款。

事故发生单位有本条第一款规定的行为且有谎报或者瞒报事故情节的，处50万元的罚款。

第十五条 事故发生单位对较大事故发生负有责任的，依照下列规定处以罚款：

（一）造成3人以上6人以下死亡，或者10人以上30人以下重伤，或者1000万元以上3000万元以下直接经济损失的，处50万元以上70万元以下的罚款；

（二）造成6人以上10人以下死亡，或者30人以上50人以下重伤，或者3000万元以上5000万元以下直接经济损失的，处70万元以上100万元以下的罚款。

事故发生单位对较大事故发生负有责任且有谎报或者瞒报情节的，处100万元的罚款。

第十六条 事故发生单位对重大事故发生负有责任的，依照下列规定处以罚款：

（一）造成10人以上15人以下死亡，或者50人以上70人以下重伤，或者5000万元以上7000万元以下直接经济损失的，处100万元以上300万元以下的罚款；

（二）造成15人以上30人以下死亡，或者70人以上100人以下重伤，或者7000万元以上1亿元以下直接经济损失的，处300万元以上500万元以下的罚款。

事故发生单位对重大事故发生负有责任且有谎报或者瞒报情节的，处500万元的罚款。

第十七条 事故发生单位对特别重大事故发生负有责任的，依照下列规定处以罚款：

（一）造成30人以上40人以下死亡，或者100人以上120人以下重伤，或者1亿元以上1.2亿元以下直接经济损失的，处500万元以上1000万元以下的罚款；

（二）造成40人以上50人以下死亡，或者120人以上150人以下重伤，或者1.2亿元以上1.5亿元以下直接经济损失的，处1000万元以上1500万元以下的罚款；

（三）造成50人以上死亡，或者150人以上重伤，或者1.5亿元以上直接经济损失的，处1500万元以上2000万元以下的罚款。

事故发生单位对特别重大事故负有责任且有下列情形之一的，处2000万元的罚款：

（1）谎报特别重大事故的；

（2）瞒报特别重大事故的；

(3) 未依法取得有关行政审批或者证照擅自从事生产经营活动的；

(4) 拒绝、阻碍行政执法的；

(5) 拒不执行有关停产停业、停止施工、停止使用相关设备或者设施的行政执法指令的；

(6) 明知存在事故隐患，仍然进行生产经营活动的；

(7) 一年内已经发生2起以上较大事故，或者1起重大以上事故，再次发生特别重大事故的。

第十七条 事故发生单位对特别重大事故发生负有责任的，处200万元以上500万元以下的罚款。

事故发生单位有本条第一款规定的行为且谎报或者瞒报事故的，处500万元的罚款。

第十八条 事故发生单位主要负责人未依法履行安全生产管理职责，导致事故发生的，依照下列规定处以罚款：

（一）发生一般事故的，处上一年年收入30%的罚款；

（二）发生较大事故的，处上一年年收入40%的罚款；

（三）发生重大事故的，处上一年年收入60%的罚款；

（四）发生特别重大事故的，处上一年年收入80%的罚款。

第十九条 个人经营的投资人未依照《中华人民共和国安全生产法》的规定保证安全生产所必需的资金投入单位不具备安全生产条件，导致发生生产安全事故的，依照下列规定对个人经营的投资人处以罚款：

（一）发生一般事故的，处2万元以上5万元以下的罚款；

（二）发生较大事故的，处5万元以上10万元以下的罚款；

（三）发生重大事故的，处10万元以上15万元以下的罚款；

（四）发生特别重大事故的，处15万元以上20万元以下的罚款。

第三章　安全事故案例

一、概述

根据住房城乡建设部统计，2019年，全国共发生房屋市政工程生产安全事故773起、死亡904人，比2018年事故起数增加39起、死亡人数增加64人，分别上升5.31%和7.62%。共发生房屋市政工程生产安全较大及以上事故23起、死亡107人，比2018年事故起数增加1起、死亡人数增加20人，分别上升4.55%和22.99%，其中，重大事故2起，死亡23人。具体统计分析见表2-3-1～表2-3-4。

从分析中可以看出，在较大及以上事故方面，以土方和基坑开挖、模板支撑体系、建筑起重机械为代表的危险性较大的分部分项工程事故占总数的82.61%，依然是风险防控的重点和难点；管沟开挖坍塌事故占总数的13.04%，现场管理粗放、安全防护不到位、人员麻痹大意是重要原因；既有房屋建筑改造、维修、拆除施工作业坍塌事故占总数的13.04%，相关领域风险隐患问题日益凸显；市场主体违法违规问题突出，存在违章指挥、违章作业问题的事故约占总数的80%，存在违反法定建设程序问题的事故约占总数的60%，存在关键岗位人员不到岗履职问题的事故约占总数的40%。

表 2-3-1　2018 年全国房屋市政工程安全生产事故主要类型统计

事故类型	发生起数（起）	所占比例（%）
高处坠落	383	52. 2
物体打击	112	15. 2
起重伤害	55	7. 5
坍塌	54	7. 3
机械伤害	43	5. 9
触电、火灾及其他	87	11. 9

表 2-3-2　2018 年全国房屋市政工程安全生产较大及以上事故统计

事故类型	发生起数（起）	所占比例（%）
坍塌	10	45. 5
起重伤害	4	18. 2
高处坠落	2	9. 1
中毒窒息	3	13. 7
机械伤害	1	4. 5
触电	1	4. 5
其他	1	4. 5

表 2-3-3　2019 年全国房屋市政工程安全生产事故主要类型统计

事故类型	发生起数（起）	所占比例（%）
高处坠落	415	53. 69
物体打击	123	15. 91
土方、基坑坍塌	69	8. 93
起重机械伤害	42	5. 43
施工机具伤害	23	2. 98
触电	20	2. 59
其他	81	10. 47

表 2-3-4　2019 年全国房屋市政工程安全生产较大及以上事故统计

事故类型	发生起数（起）	所占比例（%）
土方、基坑坍塌	9	39. 13
起重机械伤害	7	30. 43
建筑改建、维修、拆除坍塌	3	13. 04
高处坠落	1	4. 35
模板支撑体系坍塌	1	4. 35
附着升降脚手架坠落	1	4. 35
其他	1	4. 35

二、特别重大事故案例

江西丰城发电厂“11·24”冷却塔施工平台坍塌特别重大事故（2016）①

1. 事故经过

2016年11月24日6时许，混凝土班组、钢筋班组先后完成第52节混凝土浇筑和第53节钢筋绑扎作业，并离开作业面。5个木工班组共70人先后上施工平台，分布在筒壁四周施工平台上拆除第50节模板并安装第53节模板。此外，与施工平台连接的平桥上有2名平桥操作人员和1名施工升降机操作人员，在7号冷却塔底部中央竖井、水池底板处有19名工人正在作业。

7时33分，7号冷却塔第50至第52节筒壁混凝土从后期浇筑完成部位（西偏南15°～16°，距平桥前桥端部偏南弧线距离约28m处）开始坍塌，沿圆周方向向两侧连续倾塌坠落，施工平台及平桥上的作业人员随同筒壁混凝土及模架体系一起坠落，在筒壁坍塌过程中，平桥晃动、倾斜后整体向东倒塌，事故持续时间24s。

2. 人员伤亡和经济损失

事故导致73人死亡（其中包括70名筒壁作业人员、3名设备操作人员），2名在7号冷却塔底部作业的工人受伤，7号冷却塔部分已完工但工程受损。依据《企业职工伤亡事故经济损失统计标准》（GB 6721—1986）等标准和规定统计，核定事故造成直接经济损失为10197.2万元。

3. 事故直接原因

经调查认定，事故的直接原因是施工单位在7号冷却塔第50节筒壁混凝土强度不足的情况下，违规拆除第50节模板，致使第50节筒壁混凝土失去模板支护，不足以承受上部荷载，从底部最薄弱处开始坍塌，造成第50节及以上筒壁混凝土和模架体系连续倾塌坠落。坠落物冲击与筒壁内侧连接的平桥附着拉索，导致平桥也整体倒塌第50至第52节筒壁混凝土和模架体系首先倒塌后，平桥才缓慢倒塌。

经计算分析，平桥附着拉索在混凝土和模架体系等坠落物冲击下发生断裂，同时，巨大的冲击张力迅速转换为反弹力反方向作用在塔身上，致使塔身下部主弦杆应力剧增，瞬间超过抗拉强度，塔身在最薄弱部位首先断裂，并导致平桥整体倒塌。

4. 相关施工管理情况

经调查，在7号冷却塔施工过程中，施工单位为完成工期目标，施工进度不断加快，导致拆模前混凝土养护时间减少，混凝土强度发展不足；在气温骤降的情况下，没有采取相应的技术措施加快混凝土强度发展速度；筒壁工程施工方案存在严重缺陷，未制订针对性的拆模作业管理控制措施；对试块送检、拆模的管理失控，在实际施工过程中，劳务作业队伍自行决定拆模。

5. 有关责任单位存在的主要问题

（1）施工单位

① 安全生产管理机制不健全。未按规定设置独立安全生产管理机构，安全管理人员数量不符合规定要求；未建立安全生产“一岗双责”责任体系；公司及项目部技术管理、安全管理力量与发展规模不匹配，对施工现场的安全、质量管理重点把控不准确。

---

① 本案例摘自国务院江西丰城发电厂“11·24”冷却塔施工平台坍塌特别重大事故调查报告。

② 对项目部管理不力。公司未要求项目部将筒壁工程作为危险性较大分部分项工程进行管理，对项目部的施工进度管理缺失。

③ 现场施工管理混乱。安全教育培训不扎实，安全技术交底不认真，未组织全员交底，交底内容缺乏针对性。在施工现场违规安排垂直交叉作业，未督促整改劳务作业队伍习惯性违章、施工质量低等问题。

④ 安全技术措施存在严重漏洞。项目部未将筒壁工程作为危险性较大分部分项工程进行管理。

⑤ 拆模等关键工序管理失控。对筒壁工程混凝土同条件养护试块强度检测管理缺失，大部分筒节混凝土未经试压即拆模。

（2）劳务公司

7 号冷却塔系劳务公司违规出借资质。

（3）混凝土供应单位

7 号冷却塔混凝土供应单位于 2016 年 4 月份，在无工商许可、无预拌混凝土专业承包资质、未通过环境保护等部门验收批复、尚未获得设立批复的情况下，违规向丰城发电厂三期扩建工程项目供应商品混凝土。

（4）总承包单位

① 管理层安全生产意识薄弱，安全生产管理机制不健全。

② 对分包施工单位缺乏有效管控。

③ 项目现场管理制度流于形式。

④ 部分管理人员无证上岗，不履行岗位职责。

（5）监理公司

① 对项目监理部监督管理不力。

② 对拆模工序等风险控制点失管失控。

③ 现场监理工作严重失职。

（6）建设单位

① 未经论证压缩冷却塔工期。

② 项目安全质量监督管理工作不力。

③ 项目建设组织管理混乱。

（7）质量监督总站

① 违规接受质量监督注册申请。

② 违规组建丰城发电厂三期扩建工程项目站。违反规定使用建设单位人员组建丰城发电厂三期扩建工程质量监督项目站，导致政府委托的质量监督缺失。

③ 未依法履行质量监督职责。

④ 对项目站质量监督工作失察。

工程进度、质量管控、质量验收情况，未能及时发现和纠正压缩合理工期以及总承包、施工、监理等单位未落实工程质量管理要求的问题。

（8）丰城市工业和信息化委员会

① 违规批复设立混凝土搅拌站。

② 对建材公司监督不力，未认真履行行业监督管理职责。

6. 对有关责任人员和单位的处理意见

根据事故原因调查和事故责任认定，依据有关法律法规和党纪政纪规定，司法机关对31人采取刑事强制措施，其中公安机关依法对15人立案侦查并采取刑事强制措施（包括涉嫌重大责任事故罪13人，涉嫌生产、销售伪劣产品罪2人），检察机关依法对16人立案侦查并采取刑事强制措施（包括涉嫌玩忽职守罪10人，涉嫌贪污罪3人，涉嫌玩忽职守罪、受贿罪1人，涉嫌滥用职权罪1人，涉嫌行贿罪1人）。

（1）司法机关拟追究刑事责任人员（31人）。（略）

（2）给予党纪政纪处分、撤职、诫勉谈话、通报、批评教育人员（48人）。（略）

（3）给予行政处罚的单位：

① 施工单位。建议给予吊销建筑工程施工总承包一级资质、吊销安全生产许可证处罚；建议给予2000万元罚款。

② 总承包单位。建议责令工程总承包停业整顿一年、吊销安全生产许可证处罚；建议给予2000万元罚款。

③ 监理公司。建议给予降低工程监理电力工程专业甲级资质处罚；建议给予1000万元罚款。

④ 劳务公司。建议给予吊销模板脚手架专业承包资质处罚。

⑤ 建材公司。建议给予吊销营业执照处罚。

7. 事故判决结果

2020年4月24日，江西省宜春市中级人民法院和丰城市人民法院、奉新县人民法院、靖安县人民法院对江西丰城发电厂“11·24”冷却塔施工平台坍塌特大事故所涉9件刑事案件进行了公开宣判，对28名被告人和1个被告单位依法判处刑罚。法院经审理查明，该起坍塌事故属于特别重大生产安全责任事故。法院根据各被告人犯罪的事实、性质、情节、造成的危害后果以及在共同犯罪中的地位、作用，分别依法作出一审判决。丰电三期扩建工程建设指挥部总指挥构成重大责任事故罪被判处有期徒刑18年；劳务公司法定代表人、董事长以及该公司丰电三期扩建工程D标段项目部执行经理、丰电三期扩建工程D标段7号冷却塔施工队队长、丰电三期扩建工程总承包项目部总工程师、丰城发电厂项目监理部总监理工程师、丰电三期工程部土建专业工程师等14人构成重大责任事故罪，分别被判处7年至2年6个月不等的有期徒刑。丰电三期质量监督项目站站长、电力质监总站监督处负责人、丰城市工业和信息化委员会负责人等9人分别被以玩忽职守罪或滥用职权罪判处5年至2年不等的有期徒刑。建材公司犯生产、销售伪劣产品罪，公司法定代表人、董事长和生产经理朱海敏分别被判处有期徒刑4年和有期徒刑3年3个月。

三、起重机械事故案例

（一）龙口市东海园区金域蓝湾B区三期工程29号楼“7·15”较大施工升降机坠落事故（2016）

2016年7月15日17时35分左右，龙口市东海园区金域蓝湾B区三期工程（以下简称“事故工程”）29号楼施工现场发生施工升降机坠落事故，升降机自18层楼处坠落，机内共有8人，坠落发生后被立即送往医院，经全力抢救无效死亡。

1. 事故经过

2016 年 7 月 14 日，龙口市某建筑工程机械设备租赁有限公司两名安装人员进行施工升降机加节作业。首先拆除了施工升降机限位器，又拆除了封头，借用工地钢筋工的对讲机与塔式起重机操作人员协调，吊装已连接在一起的标准节（6 个标准节连接在一起），先后共吊装两次，一共安装了 12 节标准节，高度达到 23 层楼高，在第 18 层顶端水平梁上架设了第 6 道附墙架。约 18 时 30 分，两人在加装的标准节大部分仅安装了对角的 2 个螺栓、约 21 层楼高位置未架设附墙架的情况下，拉下施工升降机电闸后，下班离开工地。

7 月 15 日，建筑工地亟需对塔式起重机进行顶升作业，未继续完成事故工程 29 号楼施工升降机的加节作业。15 日，龙口市有降雨，直到 14 时左右，雨停。14 时左右，唐某某来到事故工地，乘事故施工升降机至 17 楼，并爬到 24 层预埋塔式起重机附着套管，为一座在用塔式起重机顶升做准备，且没有继续对施工升降机进行加节作业。约 17 时 35 分，韩某某等 7 名木工拟到 24 层进行模板支护作业，连同瓦工隋某某（工地指定施工升降机操作人员，无升降机操作资格证书）一起乘施工升降机西侧吊笼上行至约 19 层楼时，施工升降机导轨架上端发生倾覆，第 36 节标准节的中框架上所连接的第 6 道附墙架的小连接杆耳板断裂、大连接杆后端水平横杆撕裂，导轨架自第 34 节和第 35 节连接处断开，施工升降机西侧吊笼及与之相连的第 35 节至 45 节标准节坠落地面，8 名乘坐施工升降机的人员随之一同坠落地面。

2. 事故直接原因

（1）在施工升降机本次加节作业尚未完成、未经验收的情况下，使用单位的施工升降机操作者搭载 7 名施工人员上行到第 19 层楼，超过了安全使用高度。

（2）在导轨架第 34、第 35 节标准节连接处只有对角 2 个连接螺栓，达不到安装要求。

（3）第 6 道附墙架未安装可调连接杆，大连接杆的后水平横杆拼接补焊，不符合设计要求。

（4）使用说明书要求导轨架自由端高度不大于 7.5m，第 6 道附墙架以上导轨架自由端高度达到 14.25m，增加了自由端对导轨架中心产生的倾覆力矩（不平衡弯矩）。

当西侧吊笼上行至第 19 层楼时，吊笼和人员重量及导轨架自由端附加弯矩对导轨架中心产生的倾覆力矩作用在第 6 道附墙架上，超出了附墙架的承载能力，致使附墙架断裂；第 35、第 36 节标准节连接面产生分离趋势，第 36 节以上的导轨架及吊笼向西倾覆，倾覆力矩瞬间陡然增加，导致第 35 节以上导轨架失稳，第 34 节（东南角）上部和第 35 节（西北角）下部标准节撕裂，第 34 节和第 35 节标准节连同吊笼及上部导轨架倾覆坠落。

3. 事故间接原因

（1）施工承包方及龙口项目部管理混乱，安全生产主体责任不落实。

① 该公司安全生产责任制、安全管理规章制度不健全，未严格落实教育培训制度，未按规定定期组织事故应急演练；施工项目部机构不健全、管理人员不到位，安排不具备项目经理资格的人作为项目负责人履行项目经理职责；将承包工程全部肢解转包给个人施工；公司总部未对金域蓝湾 B 区三期工程项目部施工现场管理情况进行过安全检查，未能及时发现并整改事故施工升降机安装、使用过程中存在的违法行为。

② 该公司龙口项目部形同虚设，未能有效履行项目部管理职责，没有明确安全管理人员，没有建立安全生产规章制度，安全管理基本失控，未落实现场施工人员教育培训制度，未按规定组织应急演练，没有开展班组安全技术交底，未审核施工升降机安装单位和安装人

员资质、专项施工方案；安全检查流于形式。

③ 29 号楼施工承包人安全意识极其淡薄，未组织进场施工人员安全教育培训，未进行必要的班组技术交底；在施工升降机未进行自检、专业检验检测和使用、租赁、安装、监理等单位“四方”验收的情况下，违规使用施工升降机，且安排无操作资格人员操作施工升降机；对监理单位提出的监理通知单要求整改事项置之不理，对施工现场安全管理不到位，致使现场存在大量事故隐患。

（2）该工程机械设备租赁有限公司安全生产主体责任严重不落实。

① 公司内部安全管理不规范。未成立安全管理机构或配备专职安全管理人员，安全生产责任制和安全管理制度不健全，安全培训教育不到位。

② 严重违反施工升降机安装使用有关规定。无安装资质承揽施工升降机安装业务，违规从事起重机械安装作业；施工升降机安装作业未编制专项施工方案，也未按要求向主管部门进行告知，且安排无施工升降机安拆作业资质的人员参与安装作业。安装完成后，未严格按要求进行自检、专业机构检验检测，也未经过使用单位、租赁单位、安装单位、监理单位四方联合验收，即默认使用单位投入使用。对施工单位安排无操作资格的人员操作施工升降机、未经验收合格的情况下擅自使用施工升降机的行为制止不力。

③ 施工升降机加节作业留存严重事故隐患。加节作业时，违规使用不合格附墙架，施工升降机加节和附着安装不规范，加装的部分标准节只有两个螺栓连接，自由端高度严重超标，未使已安装的部件达到稳定状态并固定牢靠的情况下停止了安装作业，也未采取必要防护措施、没有设置明显的禁止使用警示标志。

（3）监理公司安全生产监理职责落实不到位。未督促该项目施工单位落实安全生产责任制度和安全教育培训制度，未督促监理指令和通知的有效落实；未发现施工许可证过期无效，在不具备开工条件的情况下签发开工令，允许项目无证开工建设；未依照《建筑起重机械安全监督管理规定》的有关规定，审核施工升降机特种设备制造许可证、产品合格证、起重机械制造监督检验证书、备案证明等文件；未审核施工升降机安装单位、使用单位的资质证书、安全生产许可证和特种作业人员的特种作业操作资格证书；未审核施工升降机安装、拆卸工程专项施工方案；也未监督安装单位执行施工升降机安装专项施工方案；对发现存在施工升降机未进行检验、验收等问题时，未采取有效措施要求相关单位整改；对安装单位、使用单位拒不整改的情况，也未及时向建设行政主管部门报告。

（4）工程建设方职责落实不到位。作为金域蓝湾 B 区三期工程合作建设单位，在原施工许可证已自行废止、施工单位发生变更的情况下，未重新申办施工许可证即允许总承包方开工建设，对施工单位协调管理不到位，未发现并制止施工单位转包、违法分包等违法违规行为。

4. 事故性质

经调查认定，龙口市东海园区金域蓝湾 B 区三期工程 29 号楼“7 · 15”较大施工升降机坠落事故是一起较大生产安全责任事故。

5. 对事故有关责任人员及责任单位的处理

（1）施工升降机操作人员，无施工升降机操作资格证书操作施工升降机，且操作不当，对事故发生负有直接责任。鉴于已在事故中死亡，免予责任追究。

（2）东海金域蓝湾 B 区 29 号楼施工现场管理员、东海金域蓝湾 B 区三期工程 29 号楼项目经理、龙口项目部经理、机械设备租赁有限公司事故升降机现场安装负责人、机械设备租赁有限公司事故升降机现场安装人员、机械设备租赁有限公司法定代表人、经理、东海金域蓝湾 B 区工程现场监理员、东海金域蓝湾 B 区工程项目总监，均涉嫌重大责任事故罪，被批准逮捕。

（3）建筑工程有限公司法定代表人、总经理，对事故发生负有领导责任，涉嫌重大责任事故罪；鉴于事故发生后，能够积极组织、参与事故抢救，积极配合调查、主动赔偿损失，于 8 月 8 日取保候审。

（4）对建设单位及上级主管部门负责人等 11 人处以撤职和处分。

（5）对相关责任单位分别处以罚款和吊销资质记书的行政处罚。

（二）衡水市翡翠华庭“4·25”施工升降机轿厢坠落重大事故

1. 事故经过

2019 年 4 月 25 日 6 时 36 分，某建筑公司施工人员陆续到达翡翠华庭项目工地，做上班前的准备工作。步某等 11 人陆续进入施工升降机东侧轿厢（吊笼），准备到 1 号楼 16 层搭设脚手架。6 时 59 分，施工升降机操作人员解某某启动轿厢，升至 2 层时添载 1 名施工人员后继续上升。7 时 06 分，轿厢（吊笼）上升到 9 层卸料平台（高度为 24m）时，施工升降机导轨架第 16 节、第 17 标准节连接处断裂、第 3 道附墙架断裂，轿厢（吊笼）连同顶部第 17 节至第 22 节标准节坠落在施工升降机地面围栏东北侧地下室顶板（地面）码放的砌块上，造成 11 人死亡、2 人受伤。

2. 事故原因

1）直接原因

调查认定，事故施工升降机第 16 节、第 17 节标准节连接位置西侧的两条螺栓未安装、加节与附着后未按规定进行自检、未进行验收即违规使用，是造成事故的直接原因。

2）间接原因

（1）升降机公司

① 对安全生产工作不重视，安全生产管理混乱。操作人员解某，未取得建筑施工特种作业资格证，为无证上岗作业。

② 编制的事故施工升降机安装专项施工方案内容不完整且与事故施工升降机机型不符，不能指导安装作业，方案审批程序不符合相关规定。公司技术负责人长期空缺（自 2018 年 10 月至事发当天），专项施工方案未经技术负责人审批。

③ 事故施工升降机安装前，未按规定进行方案交底和安全技术交底。事故施工升降机首次安装的人员与安装告知中的“拆装作业人员”不一致。

④ 事故施工升降机安装过程中，未安排专职安全生产管理人员进行现场监督，违反了《建筑起重机械安全监督管理规定》第十三条第二款规定。

⑤ 事故升降机安装完毕后，由于现场技术及安全管理人员缺失，造成未按规定进行自检、调试、试运转，未按要求出具自检验收合格证明。违反了《建筑起重机械安全监督管理规定》第十四条规定。

⑥ 未建立事故施工升降机安装工程档案。

⑦ 员工安全生产教育培训不到位，未建立员工安全教育培训档案，未定期组织对员工培训。

（2）某建筑公司

① 该公司对安全生产工作不重视。未落实企业安全生产主。

② 未按规定配足专职安全管理人员。

③ 事故施工升降机的加节、附着作业完成后，重生产轻安全，未组织验收即投入使用。收到停止违规使用的监理通知后，仍继续使用。

④ 项目经理未履行职责。项目经理建筑公司“挂证”，实际未履行项目经理职责。

⑤ 对事故施工升降机安装专项施工方案的审查不符合相关规定要求，公司技术负责人未签字盖章。

⑥ 在事故施工升降机安装专项施工方案实施前，未按规定进行方案交底和安全技术交底。

⑦ 在事故施工升降机安装时，未指定项目专职安全生产管理人员进行现场监督。

⑧ 事故施工升降机操作人员解某无证上岗作业。

⑨ 未建立事故施工升降机安全技术档案。

（3）监理公司

① 安全监理责任落实不到位，未按规定设置项目监理机构人员。

② 对事故施工升降机安装专项施工方案的审查流于形式，总监理工程师未加盖职业印章。

③ 未对事故施工升降机安装过程进行专项巡视检查。违反了《危险性较大的分部分项工程安全管理规定》第十八条规定。

④ 未对事故施工升降机操作人员的操作资格证书进行审查。违反了《建筑起重机械安全监督管理规定》第二十二条第二项规定。

⑤ 现场安全生产监理责任落实不到位。

（4）建设单位

① 未对建筑公司、监理公司的安全生产工作进行统一协调管理，未定期进行安全检查，未对两个公司存在的问题进行及时纠正。

② 收到停止违规使用事故施工升降机的监理通知后，未责令施工单位立即停止使用。

（5）建材办

对区域内建筑起重机械设备监督组织领导不力，监督检查执行不力。

（6）安全监督站

对区域内建筑工程安全生产监督不到位，未发现项目工地管理不到位，职工安全生产培训不符合规定，项目经理长期不在岗，项目专职安全员不符合要求、未能履行职责，监理人员违规挂证、监理不到位等问题。

3. 事故性质

经调查认定，衡水市翡翠华庭“4·25”施工升降机轿厢（吊笼）坠落事故是一起重大生产安全责任事故。

4. 对相关责任单位和责任人员处理建议

1）免予追责人员

解某，女，广厦建筑公司翡翠华庭项目工地事故施工升降机操作人员，无证操作事故施工升降机。鉴于在该起事故中遇难，免予追究其法律责任。

2）移送司法机关采取刑事强制措施人员

（1）施工公司

① 安全科长。

② 分公司经理。

③ 分公司副经理、现场实际负责人。

④ 项目经理。

⑤ 项目工长，协助项目经理负责现场管理。

⑥ 项目安全员，涉嫌重大责任事故罪，被检察机关批准逮捕。

（2）监理公司（1 人）

项目现场监理员，涉嫌重大责任事故罪，被检察机关批准逮捕。

（3）塔机公司（5 人）

① 法定代表人、总经理。

② 生产经理。

③ 安全员。

④ 4 名安拆工，涉嫌重大责任事故罪，被检察机关批准逮捕。

（4）项目总监

涉嫌重大责任事故罪，被公安机关刑事拘留，2019 年 5 月 31 日被检察机关批准逮捕。

3）给予地方政府及相关监管部门党政纪处分人员（9 人）

（三）“12·10”塔式起重机坍塌较大事故

1. 事故经过、报告及应急救援情况

2018 年 12 月 10 日 8 时，4 号楼塔式起重机司机李某某、信号工许某某、蒋某某（均持有合法有效的特种作业操作证）正常上班。

8 时 06 分，李某某操作 4 号楼塔式起重机从工地搅拌站吊运一斗 M5 水泥砂浆（约 1.7t）至 5 号楼基坑时，塔式起重机上部从附着处开始向北西方位倾斜。8 时 07 分，倾斜的塔身南东方位主弦杆（受拉力最大点）角钢从 25.8m 处（第七标准节下部）突然断裂，塔身上部自断裂处瞬间向北西方位倾翻，起重臂自远而近首先坠地。由于起重臂坠地对塔身向北西方位倾翻造成阻力，故塔身向西扭曲后倾翻倒地。在塔式起重机上部倾翻的过程中，塔式起重机平衡臂尾部的 6 块钢筋混凝土配重（总重 12440kg）从空中散落砸在木工棚上，致使木工棚瞬间垮塌，正在木工棚内作业的木工万某某、谭某某两人被压埋，塔式起重机司机李某某被抛出驾驶室坠落地面。经诊断李某某、万某某已当场死亡，谭某某经紧急送汉中市中心医院抢救无效于 11 时 20 分死亡。

2. 事故原因分析

1）直接原因

（1）事故塔式起重机是在“SCMc5012”型号基础上用多型号、多批次、多厂家零部件拼凑、改装而成“SCMc5510”，平衡臂短了 1m，配重少了 920kg，不符合《SCMc5510 塔式起重机安装使用说明书》整机配置安全技术条件。

（2）塔身第七标准节下部南东方位主弦杆角钢有近二分之一的横向断裂陈旧伤，结构完整性被破坏。

（3）事故塔式起重机起重力矩限制器失效，在事故工况点起吊物严重超载，塔式起重机处于严重超负荷运行状态。

（4）事故塔式起重机附着以上自由端高度达25.5m，超过《SCMc5510塔式起重机安装使用说明书》规定达13.33%，塔身自由端稳定性下降。

2）间接原因

（1）塔式起重机产权单位

购买来历不明的、不符合安全技术条件的塔式起重机，使用伪造的《特种设备制造许可证》《整机出厂合格证》和铭牌等塔式起重机技术资料以及渭南市建设工程质量安全监督中心站《建筑起重机械产权备案销号证明》，借用他人《SCMc5510塔式起重机安装使用说明书》，骗取《陕西省建筑起重机械产权备案证》并违规出租；违规从事塔式起重机顶升和附着安装，使用非原塔式起重机生产厂家附着装置，附着安装位置不当；未按合同约定履行对塔式起重机进行定期检查和维护保养的义务，维保无记录，未及时消除塔式起重机起重力矩限制器失效的安全隐患。

（2）塔式起重机租赁单位

出租没有完整、真实安全技术档案、不符合安全技术条件的塔式起重机给施工单位，且塔式起重机进场安装前未依规提交自检合格证明。

（3）塔式起重机安装单位

未在安装前对塔式起重机结构组件安全技术状况进行全面检查并做详细记录；在没有《SCMc5510塔式起重机安装使用说明书》的情况下编制《塔式起重机安装专项施工方案》，内容要素不全，不符合规范要求；塔式起重机安全装置未安装到位；塔式起重机安装时公司专业技术人员、专职安全管理人员未进行现场监督，技术负责人未定期巡查；将塔式起重机二次顶升及附着安装施工交给不具备塔式起重机安装资质的胜建公司施工；塔式起重机安装完成后，未严格按照《塔式起重机安装自检表》的项目、内容进行自检，结论失实。

（4）塔式起重机检测单位

未严格审查报检塔式起重机资料，在资料不全的情况下进行检验；未严格按照《建筑施工升降设备设施检验检测标准》（JGJ 305—2013）附录E《塔式起重机检验报告》的项目、内容进行检验，漏项、缺项严重，验证试验记录不全，检测报告结论失实。

（5）施工单位

租用不符合安全技术条件的塔式起重机；组织塔式起重机联合验收时未严格按照《塔式起重机安装验收记录表》规定的内容进行；对起吊料斗超重失察，对塔式起重机作业人员违反“十不吊”的违规行为未及时发现和制止；安全技术交底针对性不强，未指派专职设备管理人员和专职安全管理人员对塔式起重机使用、维保情况进行现场监督检查。

（6）监理单位

未认真审核塔式起重机《特种设备制造许可证》《产品合格证》等资料；未认真审核塔式起重机《安装工程专项施工方案》，对塔式起重机安装单位执行《安装工程专项施工方案》情况监督不力；对塔式起重机使用、维护保养情况监督检查不到位；参加塔式起重机安装联合验收未认真履行监督职责。

（7）建设单位

未认真履行建设单位安全生产主体责任，对项目参建单位安全生产工作失察失管。

（8）质安站

①在塔式起重机安装告知环节审核把关不严，未及时发现和制止违规塔式起重机进入工地；在塔式起重机使用登记环节对安装、检测、验收和登记资料未认真审查，现场核查工作存在严重疏漏，违规向涉事塔式起重机核发《建筑起重机械使用登记证》；在塔式起重机使用环节现场监督不到位。

②未针对实际情况制订建筑起重机械产权备案登记工作制度和工作流程，盲目依赖建筑起重机械产权单位对申报资料真实性的承诺，未认真审查塔式起重机有关备案材料的真实性和完整性，违规核发《陕西省建筑起重机械产权备案证》。

（9）某市住房城乡建设局

①未全面落实对建筑行业安全生产监督职责，对《建筑起重机械安全监督管理规定》（建设部令第166号）落实不力，对下属单位南郑区质安站的安全监督工作疏于指导，监管不力。

②未全面落实对建筑行业安全生产监督职责，未认真贯彻落实《建筑起重机械安全监督管理规定》（建设部令第166号）对建筑起重机械安全监管的相关规定，对下属单位城固县质安站建筑起重机械监管工作疏于指导，监管不力。

3. 事故性质

经综合分析，调查组认定：四川某建设工程有限公司国际城项目部“12·10”塔式起重机坍塌较大事故是一起因不法建筑施工机械租赁企业违规出租不符合安全技术条件的塔式起重机，安装单位违规安装，检测单位违规检测，使用单位违规组织验收、违规使用，监理单位失察失管，监管机构失职失责，行业主管部门对建筑施工机械安全管理工作疏于指导、监督不力，相关县（区）人民政府安全生产工作履职不到位而导致的一起生产安全责任事故。

4. 对责任单位和责任人的处理意见

根据对事故原因的分析，依据有关法律法规和党纪政纪规定，对事故责任单位、责任人的事故责任认定及处理提出如下意见。

1）责任单位

（1）塔式起重机产权单位

购买来历不明的、不符合安全技术条件的塔式起重机，使用伪造的《特种设备制造许可证》《整机出厂合格证》和铭牌等塔式起重机技术资料以及渭南市建设工程质量安全监督中心站《建筑起重机械产权备案销号证明》，借用他人《SCMc5510塔式起重机安装使用说明书》，骗取《陕西省建筑起重机械产权备案证》并违规出租。

（2）塔式起重机租赁单位

出租没有完整、真实安全技术档案、不符合安全技术条件的塔式起重机，塔式起重机进场安装前未依规提交自检合格证明。

（3）塔式起重机安装单位

在安装前未对塔式起重机结构组件安全技术状况进行全面检查并做好详细记录，违反《建筑起重机械安全监督管理规定》；在没有《安装使用说明书》的情况下编制的《塔式起重机安装专项施工方案》，内容要素不全、不符合规范要求，塔式起重机安全装置未安装到位，塔式起重机安装时公司专业技术人员、专职安全管理人员未进行现场监督，技术负责人未定期巡查，将塔式起重机二次顶升及附着安装施工交由不具备塔式起重机安装资质的公司实施，安装后未严格按照《塔式起重机安装自检表》的项目、内容进行自检，结论失实，应对事故发生负主要责任，建议吊销《建筑业企业资质证书》《安全生产许可证》。

（4）塔式起重机检测单位

未严格审查报检塔式起重机资料，在资料不全的情况下进行检验；未按《建筑施工升降设备设施检验检测标准》（JGJ 305—2013）附录 E 填写《塔式起重机检验报告》，漏项、缺项严重，验证试验记录不全，检测报告结论失实，违反《建筑起重机械安全监督管理规定》（建设部令第 166 号）第十六条和《建筑施工升降设备设施检验检测标准》（JGJ 305—2013）8. 1. 1、8. 1. 2 款之规定。应对事故发生负重要责任，建议吊销特种设备检测检验资质。

（5）施工单位

租用不符合安全技术条件的塔式起重机，违反《建筑起重机械安全监督管理规定》（建设部令第 166 号）第七条之规定；未按照规范的“塔式起重机安装验收记录表”内容组织塔式起重机联合验收，不符合《建筑施工塔式起重机安装、使用、拆卸安全技术规程》（JGJ 196—2010）3. 4. 18 款之规定；对塔式起重机作业人员违反“十不吊”的违规行为未及时发现和制止，不符合《建筑施工塔式起重机安装、使用、拆卸安全技术规程》（JGJ 196—2010）4. 0. 10 款之规定；安全技术交底针对性不强，未指派专职设备管理人员和专职安全管理人员对塔式起重机使用、维保情况进行现场监督检查，违反《建筑起重机械安全监督管理规定》（建设部令第 166 号）第十八条之规定。应对事故发生负重要责任，建议由汉中市应急管理局依照《中华人民共和国安全生产法》第一百零九条第二款、国家安监总局《关于修改〈生产安全事故报告和调查处理条例〉罚款处罚暂行规定等四部规章的决定》（总局令 77 号）规定给予罚款 50 万元的行政处罚。

（6）监理单位

未认真审核塔式起重机《特种设备制造许可证》《产品合格证》及《安装工程专项施工方案》等资料，对塔式起重机安装单位执行《安装工程专项施工方案》情况监督不力，对塔式起重机使用、维护保养情况监督检查不到位，违反《建筑起重机械安全监督管理规定》（建设部令第 166 号）第二十二条之规定；参加塔式起重机安装联合验收未认真履行监督职责，违反《建筑施工塔式起重机安装、使用、拆卸安全技术规程》（JGJ 196—2010）第 3. 4. 18 款之规定。应对事故发生负重要责任，建议由汉中市应急管理局依照《中华人民共和国安全生产法》第一百零九条第二款、国家安监总局《关于修改〈生产安全事故报告和调查处理条例〉罚款处罚暂行规定等四部规章的决定》（总局令 77 号）规定给予罚款 60 万元的行政处罚。

（7）建设单位

未认真履行建设单位安全生产主体责任，对项目参建单位安全生产工作失察失管，违反《中华人民共和国安全生产法》第三十八条、第四十三条之规定。应对事故发生负一定责任，建议由汉中市应急管理局依照《中华人民共和国安全生产法》第一百零九条第二款、国家安监总局《关于修改〈生产安全事故报告和调查处理条例〉罚款处罚暂行规定等四部规章的决定》（总局令 77 号）规定给予罚款 50 万元的行政处罚。

2）责任人

（1）免于追究的责任人（1 人）

李某某：4 号楼塔式起重机司机，违反起重作业“十不吊”规定，违章作业，导致塔式起重机倾覆坍塌，对事故负有直接责任，鉴于其已在事故中死亡，免予追究。

（2）建议追究刑事责任人员（8 人）

① 塔式起重机产权单位法定代表人，购买来历不明的、不符合安全技术条件的塔式起重机，使用伪造的《特种设备制造许可证》《整机出厂合格证》和铭牌等塔式起重机技术资料以及渭南市建设工程质量安全监督中心站《建筑起重机械产权备案销号证明》，借用他人《SCMc5510 塔式起重机安装使用说明书》，骗取《陕西省建筑起重机械产权备案证》并违规出租；违规从事塔式起重机顶升和附着安装；使用非原塔式起重机生产厂家附着装置，附着安装位置不当，塔身自由端高度超标；未按合同约定履行对塔式起重机进行定期检查和维护保养的义务，维保无记录，未及时发现和消除塔式起重机起重力矩限制器失效的隐患，应对事故负直接责任和主要责任。涉嫌重大劳动安全事故罪，建议移送司法机关立案查处。

② 塔式起重机租赁单位副总经理、安装工作负责人，出租没有完整、真实安全技术档案、不符合安全技术条件的塔式起重机给四川标升公司；未在安装前对塔式起重机结构组件安全技术状况进行全面检查并做好记录；塔式起重机安全装置未安装到位；交由不具备塔式起重机安装资质的胜建公司实施塔式起重机二次顶升及附着安装施工；安装后的塔式起重机自检，未规范填写"塔式起重机安装自检表"，结论失实，应对事故负直接责任。涉嫌重大劳动安全事故罪，建议移送司法机关立案查处。

③ 塔式起重机检测单位塔式起重机检验员张某等三人，未严格审查报检塔式起重机资料，在资料不全的情况下进行检验，未严格按照《建筑施工升降设备设施检验检测标准》（JGJ 305—2013）附录 E"塔式起重机检验报告"内容开展检验工作，漏项、缺项严重，验证试验记录不全，检测报告结论失实，涉嫌重大责任事故罪，建议由陕西省市场监督管理局吊销其检验员资质，移送司法机关立案查处。

④ 质安站张某等三人，在涉事塔式起重机安装告知环节审核把关不严，未及时发现和制止违规塔式起重机进入工地；在塔式起重机使用登记环节对安装、检测、验收和登记资料未认真审查，现场核查工作存在重大疏漏，有失职行为，移交汉中市监察委员会查处。

（3）给予党政纪处分和其他处理的责任人（31 人）

四、坍塌事故案例

（一）双流国际机场"3·21"较大坍塌事故调查报告

2019 年 3 月 21 日 16 时 17 分左右，双流国际机场交通中心停机坪及滑行道项目 2 号横梁钢筋笼在施工过程中沿横桥向发生倒塌，造成 4 名作业人员死亡，13 人受伤，直接经济损失 800 余万元。

1. 事故经过

2019 年 3 月 14 日，施工总承包单位项目部安排劳务分包单位四川某建筑工程有限公司组织工人开始搭设 2 号横梁钢筋支撑措施支架，15 日完成了钢筋支撑措施支架搭设任务，组织人员进行验收后交由劳务公司进入钢筋笼绑扎工序。3 月 15 日开始，劳务公司安排新进场的 13 名劳务工人及其原来的 10 余名工人从事 2 号横梁的钢筋绑扎任务，至 3 月 21 日事故发生前，横梁上下层主筋已绑扎完成，箍筋基本绑扎完成，两侧分布筋未安装完成。

3 月 21 日 13 时，项目部劳务人员开始上班，现场作业人员向劳务公司现场管理人员王某提出，钢筋支撑措施支架严重影响施工进度，建议拆除。王某考虑到钢筋笼已基本成形，同意工人从中间部位局部拆除钢筋支撑措施支架，工人在征得王某同意后，开始拆除事故横梁钢筋措施支架。期间，王某在钢筋笼顶部指挥钢筋绑扎作业，林某等 8 名工人在钢筋笼内绑扎箍筋、安装波纹管，黄某等 10 多名工人在钢筋笼顶部进行钢筋绑扎、搬运作业。作业过程中，工人用撬棍不时撬动竖向箍筋调整位置，钢筋笼顶部工人来回走动。16 时 17 分，钢筋笼在毫无征兆的情况下，整体向横桥向（城区方向）倾倒，将钢筋笼内的 8 名工人挤压在钢筋笼内，钢筋笼顶部的 10 多名工人随倾倒钢筋笼坠地。

此次事故共造成 4 人死亡，13 人受伤，其中重伤 4 人，4 名中度伤，5 名轻伤。事故造成直接经济损失 800 余万元。

2. 事故原因分析

1）直接原因

项目 2 号横梁钢筋绑扎作业期间，在施工现场腰筋和箍筋尚未绑扎完成的情况下，劳务人员提前拆除临时支撑措施，造成横梁钢筋骨架整体稳定性不足，加之钢筋骨架作业人员施工扰动，引发横梁钢筋骨架纵向失稳坍塌。

2）间接原因

（1）劳务分包单位

① 管理人员违章指挥，在 2 号横梁腰筋和箍筋尚未绑扎完成的情况下，提前安排工人拆除临时支撑措施支架，造成横梁钢筋骨架整体稳定性不足，加之钢筋骨架作业人员施工扰动，引发横梁钢筋骨架纵向失稳坍塌；②不落实《施工组织设计（方案）》和安全技术交底要求，设立的马凳筋间距过大且未有效连接。

（2）施工总承包单位

① 施工现场隐患排查不落实，未发现并纠正劳务分包单位搭设的马凳筋间距过大，且未有效连接的安全隐患；②安全风险辨识不充分，风险管控措施落实不到位，未对横梁钢筋笼稳定性进行辨识评估，编制的《施工组织设计（方案）》措施不具体，对现场施工指导性不足；③安全教育、技术交底不到位，三级安全教育不按规定要求实施，项目层级教育代替公司层级安全教育，技术交底有缺失。

（3）监理单位

① 施工现场监理巡查缺位，未及时发现劳务分包单位擅自提前拆除临时支撑措施支架和搭设的马凳筋间距过大且未有效连接的安全隐患；②不按《建设工程监理合同》配备监理人员，总监理工程师长期不在岗，专业监理工程师长期代替总监理工程师签字，部分监理员无证上岗；③对总承包单位编制的《施工组织设计（方案）》安全技术措施不具体的问题把关不严；④监理监督检查流于形式。

（4）建设单位

监督检查流于形式，对监理单位不按监理合同配备监理人员，总监理工程师长期不到岗，部分监理员无证上岗问题失察。

（5）行业监管部门

① 监督管理体系不完善，监督任务、内容、标准不明确，监督管理人员无法满足监管需求；②对总监理工程师长期不在岗，部分监理员无证上岗等问题失察。

经调查认定，双流国际机场交通中心停机坪及滑行道项目“3·21”坍塌事故是一起生产安全责任事故，事故等级为较大事故。

3. 对有关责任人员、责任单位的处理意见

1）追究刑事责任人员建议

王某，劳务分包单位施工现场管理人员。违章指挥导致事故发生，涉嫌犯罪，已移送司法机关。

2）对相关责任人员处理建议

依据《中华人民共和国安全生产法》《建设工程安全生产管理条例》《安全生产领域违法违纪行为政纪处分暂行规定》和《四川省生产安全事故报告和调查处理规定》等相关规定，分别给予劳务分包单位法人代表、总承包单位法人代表、总工程师、项目部工程部长，项目常务副经理、项目部经理，项目施工管理员、监理公司项目监理工程师、项目安全生产第一责任人、项目业主代表行政处分并处罚款。

（二）河北省新乐市“4·11”模板支撑系统较大坍塌事故调查报告

1. 事故简介

2015年4月11日23时10分左右，某国际市场A区13号商业楼在浇筑三层柱、屋顶梁板结构混凝土过程中，发生模板支撑系统坍塌事故，造成5人死亡，4人受伤。

2015年4月11日13时左右，混凝土工开始浇筑13号楼三层柱、屋顶梁板结构混凝土（采用商品预拌混凝土），混凝土泵车进行泵送混凝土浇筑，泵车位于13号楼南侧地面⑧轴~⑪轴中间部位。浇筑由西向东（⑧轴~⑪轴方向）分段进行，段内南北方向往返循环浇筑，按先柱后梁板的顺序浇筑。连续浇筑4搅拌车混凝土（搅拌车容量$12m^3$，4车约$48m^3$）后现场停电。作业人员撤离工作面休息。当日18时，施工现场恢复供电，混凝土工吃过晚饭后继续浇筑作业。21时30分开始下雨，因雨量较大，作业人员避雨10min左右，穿上雨衣继续混凝土浇筑作业。23时刚过，田某某离开屋顶作业面去安排工人的夜餐。4~5min后，约23时10分，当浇筑至东距⑪轴5.7m处时，天井部位模板支撑系统瞬间发生整体失稳坍塌（⑦轴~⑧轴以北部位未浇筑，现场共浇筑17车，最后的第17车浇筑量约$3m^3$，混凝土浇筑总量约$195m^3$）。

坍塌时，施工现场共有12名工人在作业。其中在混凝土浇筑作业面上（屋顶标高16.2m位置）混凝土工9人：在三层室内看护模板支撑系统变形情况的木工2人；在建筑物南侧室外地面上操作混凝土搅拌车的力工1人。

事故发生时混凝土浇筑作业面9人情况：7名混凝土作业人员直接坠落至首层室内地面，7人浇筑作业分工为：负责混凝土布料管1人；负责混凝土布料车遥控操作1人；负责混凝土摊平2人；负责混凝土振捣1人；负责移动振捣棒电机1人；负责混凝土浇筑面细部抹平1人，以上7人分布于P-N轴跨中东距⑪轴约7m位置进行混凝土浇筑作业。另外2名混凝土工情况为：负责混凝土浇筑面整平工作，事发时位于⑧轴~⑪轴南侧弧顶位置，沿坍塌的屋面梁钢筋骨架下滑，坠落2m左右腿部被夹住，后自行攀爬到三楼东侧平台上；其中1人负责对混凝土浇筑面覆盖塑料薄膜，事发时准备到相邻的10号楼（主体结构已完成）取塑料薄膜，行走至未浇筑混凝土的东侧屋面板与10号楼交接处时发生坍塌，其被钢筋绊倒，后跑至10号楼屋顶。另外2人受轻伤。事故发生后及时送往医院抢救，经过5个小时全力抢救最终造成5人死亡，4人受伤。

2. 事故原因

1）直接原因

模板支撑系统的搭设严重违反相关规定，施工时荷载超过模板支撑系统的最大承载能力，模板支撑系统整体失稳坍塌，是该起事故发生的直接原因。

2）间接原因

（1）施工现场管理混乱，建设工程各方责任主体未建立齐全有效的安全保证体系，未落实安全生产法律法规、标准规范及安全生产责任制度。

（2）模板支撑系统未编制专项施工方案，未进行专家论证，违反相关规范要求，盲目施工。

（3）模板支撑系统施工人员，无证上岗。施工作业前工程技术人员未按规定对施工作业人员开展班组安全技术交底；未落实安全施工技术措施，施工现场安全管理不到位。

（4）安全教育不到位，未对现场作业人员进行安全生产教育和培训。

（5）施工现场违反规定，该工程项目无监理单位，监理管理体系缺失。

（6）该工程在未办理建设工程规划许可证、施工许可证等相关审批手续的情况下，未依法履行工程项目建设程序，提前开工建设。

（7）工程项目所在地综合执法、建设等行政主管部门及街道办事处，未认真履行安全生产行业监管和属地管理职责，对项目监督管理和日常检查不到位。

3. 事故处理

对事故相关人员的处理：

（1）建议移送司法机关人员

① 施工方项目总负责人钱某（实际控制人）涉嫌伪造公司印章罪，检察机关批准逮捕。

② 施工现场项目经理，负责施工现场全面管理工作，未取得建造师资格证书，不具备担任项目经理的资格。未认真履行施工现场安全管理职责，对事故发生负有直接管理责任，移送司法机关依法处理。

③ 施工分包负责人，对事故发生负有直接管理责任移送司法机关依法处理。

④ 脚手架、模板支撑系统搭设班组负责人，对事故发生负有直接管理责任，移送司法机关依法处理。

⑤ 施工方项目部技术负责人，送司法机关依法处理。

⑥ 建设单位项目负责人，未认真履行建设单位项目负责人职责，对施工方资质、资格情况审核把关不严，移送司法机关依法处理。

⑦ 建设单位法定代表人，未认真履行建设单位主要负责人安全生产管理职责，对事故发生负有重要领导责任，其行为涉嫌犯罪，移送司法机关依法处理。

（2）对事故有关责任人的行政处罚建议

① 建设单位派驻施工现场项目安全负责人，未认真履行监督、协调和管理职责，由市安全监管局对其处0.8万元的罚款。

② 建设单位派驻金施工现场项目技术负责人，未督促施工方编制专项施工方案，市安全监管局对其处0.8万元的罚款。

③ 建设单位法定代表人，未认真履行主要负责人安全生产管理职责，由市安全监管局对其处人民币1.8万元的罚款。

（3）对事故有关责任方的行政处罚建议

① 钱某作为施工方不具备建设工程施工资质、资格，现场作业不具备安全生产条件，对事故发生负有主要责任，由市安全监管局对其处133万元的罚款，两项合并处罚198万元。

② 李某作为工程分包方负责人，未编制模板支撑系统搭设及混凝土浇筑作业专项施工方案，由新乐市安全监管局对其处上一年年收入100%的罚款。

③ 建设单位，未认真落实安全生产法律法规，未依法履行安全生产主体责任，对事故发生负有责任。依据《中华人民共和国安全生产法》相关规定，由市安全监管局对其处人民币18万元的罚款。

（三）广东省信宜市“8·28”深基坑坍塌事故（2011）

1. 事故简介

2011年8月28日9时20分左右，广东省信宜市“金津名苑”工程施工现场发生一起深基坑坍塌事故，造成6人死亡，3人受伤。

“金津名苑”工程为框架结构，地下两层。在完成东、北、西三面支护工程后，2011年8月25日，建设单位负责人找来挖掘机老板等人对南侧边坡土体进行开挖。8月28日上午，负责人指挥挖掘机司机在基坑南侧挖沟槽，同时请来9名扎筋工人（除1人外其余8人均是第一次到工地）准备绑扎护壁钢筋，现场还有一个施工队正在进行桩机作业，制作钢筋笼。

7时30分开始作业，扎筋工人先从仓库将钢筋搬到工地上，半个小时后，挖掘机司机开挖的沟槽已经形成（宽1.5m，深约2m）。此时，沟槽底部距离坡顶5~6m，坑壁已呈近直立状态，坡顶上临时办公室距坑边仅0.6m，项目负责人指挥9名扎筋工人下到沟槽绑扎钢筋。

9时20分左右，基坑南边的边坡土体突然失稳，连同坑边临时房屋大半坍塌滑落坑内，掩埋坑下扎筋作业的9名工人，造成6人死亡、3人受伤。

2. 事故原因

1）直接原因

施工现场存在重大安全隐患，即在砂质软土坑边未做任何支护情况下，违章指挥挖掘机垂直开挖南侧砂质土坑边深度达5.0~5.3m，基坑自重和上部建筑物荷载共同作用下发生剪切破坏失稳坍塌。

2）间接原因

（1）建设单位在没有取得施工许可证的情况下，非法组织施工，对施工工人没有进行上岗前安全培训，对曾经出现的泥土下滑事故隐患未及时整改，强令工人冒险作业，终酿成事故。

（2）施工单位在合同履行期间（2011年7月10日—2012年7月5日），曾协助建设单位办理施工许可证，公司副经理等人参与施工现场定桩放线和隐蔽工程验收工作，明知建设单位无证非法开工，既不制止也不向信宜市住房和城乡建设局报告，致使建设单位非法施工行为未得到有效制止。

（3）信宜市建筑设计院超出资质等级进行设计，设计时没有考虑施工安全操作和防护需要，未对涉及施工安全的重点部位和环节在文件中注明，未对防范生产安全事故提出指导意见，是造成事故发生的间接原因之一。

（4）信宜市住房城乡建设局发现本工程违法施工后，多次向建设单位发出“停工通知书”，停工理由：施工存在安全隐患等。发出停工通知后，建设单位仍未整改，住房城乡建设局没有采取进一步的执法措施和手段，以致建设单位负责人有恃无恐，继续实施违法建设行为，最终酿成事故。

3. 事故处理

1）对事故相关人员的处理意见

（1）对施工单位法定代表人，由相关部门处以相应的经济处罚。

（2）对建设单位法定代表人、现场管理人员，由司法机关依法追究其刑事责任，并由相关部门处以相应的经济处罚。

（3）对信宜市住房城乡建设局局长、副局长、城建监察股股长；信宜市城建管理监察大队大队长、副大队长、第三中队队长，由信宜市纪委监察局按照有关规定，给予撤职、降级或记过等行政处分。

2）对事故单位的处理意见

（1）对施工单位，由广东省住房和城乡建设厅依法暂扣该企业安全生产许可证。

（2）监理单位，多次派人在施工现场指导，曾向建设方和施工方发出隐患整改通知并多次向建设主管部门报告施工现场安全隐患情况，基本履行监理义务，尽到监理职责，免予追究责任。

（3）对建设单位，由相关部门处以相应的经济处罚。

五、高处坠落事故案例

浙江省湖州市“6·16”高处坠落事故（2012）

1. 事故简介

2012年6月16日，浙江省湖州市东吴国际广场Ⅱ标段施工现场，发生一起高处坠落事故，造成3人死亡。

2012年6月16日8时许，项目架子工班组负责人安排4名施工人员拆除电梯井道内水平防护架。8时30分，4人在未携带高空作业防护用具的情况下先到14层电梯井道，发现该部位水平防护架不牢固，便转移到12层消防电梯井道。当时消防电梯井道12层水平防护架目测已基本呈水平状态（根据施工实际，水平防护架按一定倾斜度架设），上面堆积有20cm厚的混凝土和木板等建筑垃圾，纵向受力的钢管只有两根。施工人员首先拆除了电梯井道北段12层~14层的垂直脚手架。9时许，4人进入消防电梯井道内的水平防护架上开始清理垃圾，为下一步拆除水平防护架做准备。9时30分许，一名施工人员走出井道喝水，离开数秒后，井道内的水平防护架发生局部坍塌，其余3人随即坠落至井道地下2层，2人当场死亡，1人经医院抢救无效死亡。

2. 事故原因

1）直接原因

（1）项目架子工班组实际负责人在未实地查看施工现场、未交待安全事项、未提供安全带、安全绳等个人防护用具的情况下，安排无特种作业资格的人员作业。

（2）事发电梯井道内所采取的安全防护措施不符合安全施工组织设计要求，该水平防护架的纵向受力钢管只有两根，间距过大，导致防护架承受力达不到设计要求。且建筑垃圾堆积过多，没有得到及时清理，致使纵向受力钢管因压力过大而弯曲变形，存在重大安全隐患。

2）间接原因

（1）施工单位及项目部对安全生产工作不重视，内部安全管理混乱，未有效履行安全生产职责，降低安全生产条件。

（2）监理单位未检查施工现场安全防护措施是否符合安全组织设计方案要求，日常检查中发现安全隐患未及时要求施工方处置到位，未严格审查“三类人员”资格。

（3）建设主管部门未有效督促项目对存在的安全隐患整改到位，未严格督促企业开展日常安全检查和事故隐患治理，对该项目安全监管职责落实不到位。

3. 事故处理

1）相关责任人员

（1）对项目负责人、项目架子工班组实际负责人、项目安全组组长移送司法机关依法追究刑事责任。

（2）对施工单位总经理，由相关部门给予相应的行政处罚；项目分公司经理安全生产考核合格证书予以暂扣，对项目负责人及3名专职安全员收回安全生产考核合格证书。

（3）对市建筑安全监督站分管副站长给予行政处分。

2）相关单位

对施工单位、监理单位处以相应的行政处罚，并由建设主管部门暂扣施工单位安全生产许可证。

第三部分　施工企业安全生产管理

第一章　安全生产组织保障体系

一、法律法规要求

《中华人民共和国安全生产法》规定：

第二十四条　矿山、金属冶炼、建筑施工、运输单位和危险物品的生产、经营、储存、装卸单位，应当设置安全生产管理机构或者配备专职安全生产管理人员。

前款规定以外的其他生产经营单位，从业人员超过一百人的，应当设置安全生产管理机构或者配备专职安全生产管理人员；从业人员在一百人以下的，应当配备专职或者兼职的安全生产管理人员。

《建设工程安全生产管理条例》规定：

第二十三条　施工单位应当设立安全生产管理机构，配备专职安全生产管理人员。

二、安全生产组织与责任体系

1. 组织体系

（1）施工企业必须建立安全生产组织体系，明确企业安全生产的决策、管理、实施的机构或岗位。安全生产管理组织体系如图 3-1-1 所示。

（2）施工企业安全生产组织体系应包括各管理层的主要负责人，各相关职能部门及专职安全生产管理机构，相关岗位及专兼职安全管理人员。

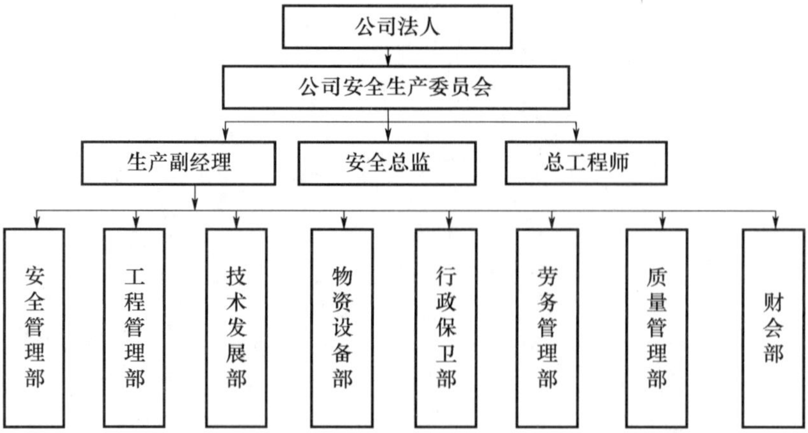

（a）公司安全生产管理组织体系

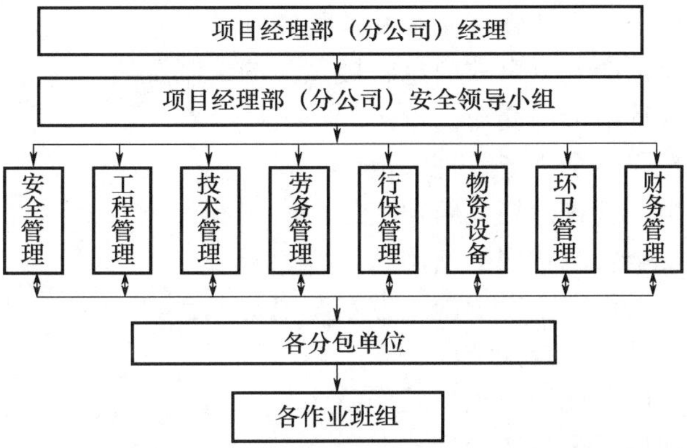

（b）项目经理部安全生产管理组织体系

图 3-1-1　安全生产管理体系

（3）施工企业应建立和健全与企业安全生产组织相对应的安全生产责任体系，并应明确各管理层、职能部门、岗位的安全生产责任。

2. 责任体系

（1）施工企业安全生产责任体系应符合下列要求：

① 企业主要负责人应领导企业安全管理工作，组织制订企业中长期安全管理目标和制度，审议、决策重大安全事项。

② 各管理层主要负责人应明确并组织落实本管理层各职能部门和岗位的安全生产职责，实现本管理层的安全管理目标。

③ 各管理层的职能部门及岗位应承担职能范围内与安全生产相关的职责，互相配合，实现相关安全管理目标，应包括下列主要职责：

a. 技术管理部门（或岗位）负责安全生产的技术保障和改进。

b. 施工管理部门（或岗位）负责生产计划、布置、实施的安全管理。

c. 材料管理部门（或岗位）负责安全生产物资及劳动防护用品的安全管理。

d. 动力设备管理部门（或岗位）负责施工临时用电及机具设备的安全管理。

e. 专职安全生产管理机构（或岗位）负责安全管理的检查、处理。

f. 其他管理部门（或岗位）分别负责人员配备、资金、教育培训、卫生防疫、消防等安全管理。

（2）施工企业应依据职责落实各管理层、职能部门、岗位的安全生产责任。

（3）施工企业各管理层、职能部门、岗位的安全生产责任应形成责任书，并应经责任部门或责任人确认。责任书的内容应包括安全生产职责、目标、考核奖惩标准等。

三、施工企业安全生产管理机构的设置

1. 组成

施工企业安全生产管理机构应当由企业主要负责人、安全负责人、技术负责人和专职安全生产管理人员组成。

2. 职责

（1）建筑施工企业安全生产管理机构具有以下职责

① 宣传和贯彻国家有关安全生产法律法规和标准。

② 编制并适时更新安全生产管理制度并监督实施。

③ 组织或参与企业生产安全事故应急救援预案的编制及演练。

④ 组织开展安全教育培训与交流。

⑤ 协调配备项目专职安全生产管理人员。

⑥ 制订企业安全生产检查计划并组织实施。

⑦ 监督在建项目安全生产费用的使用。

⑧ 参与危险性较大工程安全专项施工方案专家论证会。

⑨ 通报在建项目违规违章查处情况。

⑩ 组织开展安全生产评优评先表彰工作。

⑪ 建立企业在建项目安全生产管理档案。

⑫ 考核评价分包企业安全生产业绩及项目安全生产管理情况。

⑬ 参加生产安全事故的调查和处理工作。

⑭ 企业明确的其他安全生产管理职责。

（2）建筑施工企业安全生产管理机构专职安全生产管理人员在施工现场检查过程中具有以下职责

① 查阅在建项目安全生产有关资料、核实有关情况。

② 检查危险性较大工程安全专项施工方案落实情况。

③ 监督项目专职安全生产管理人员履责情况。

④ 监督作业人员安全防护用品的配备及使用情况。

⑤ 对发现的安全生产违章违规行为或安全隐患，有权当场予以纠正或作出处理决定。

⑥ 对不符合安全生产条件的设施、设备、器材，有权当场作出查封的处理决定。

⑦ 对施工现场存在的重大安全隐患有权越级报告或直接向建设主管部门报告。

⑧ 企业明确的其他安全生产管理职责。

3. 专职安全员的配备要求

建筑施工企业安全生产管理机构专职安全生产管理人员的配备应满足下列要求，并应根据企业经营规模、设备管理和生产需要予以增加：

（1）建筑施工总承包资质序列企业：特级资质不少于 6 人；一级资质不少于 4 人；二级和二级以下资质企业不少于 3 人。

（2）建筑施工专业承包资质序列企业：一级资质不少于 3 人；二级和二级以下资质企业不少于 2 人。

（3）建筑施工劳务分包资质序列企业：不少于 2 人。

（4）建筑施工企业的分公司、区域公司等较大的分支机构（以下简称分支机构）：应依据实际生产情况配备不少于 2 人的专职安全生产管理人员。

四、项目部安全领导小组设置

（一）组成

建筑施工企业应当在建设工程项目组建安全生产领导小组，建设工程实行施工总承包的，安全生产领导小组由总承包企业、专业承包企业和劳务分包企业项目经理、技术负责人和专职安全生产管理人员组成。项目安全管理体系如图 3-1-2 所示。

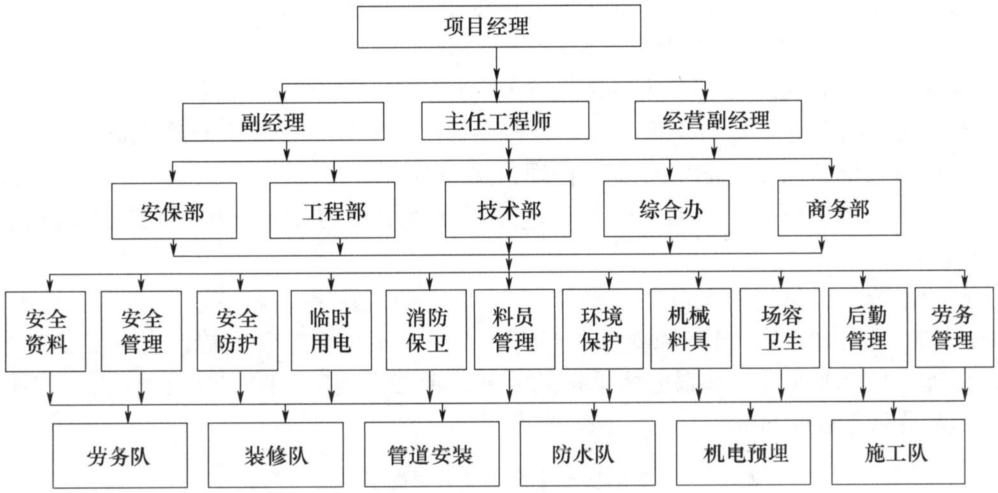

图 3-1-2　项目安全管理体系

（二）职责

1. 安全生产领导小组的主要职责

（1）贯彻落实国家有关安全生产法律法规和标准。

（2）组织制订项目安全生产管理制度并监督实施。

（3）编制项目生产安全事故应急救援预案并组织演练。

（4）保证项目安全生产费用的有效使用。

（5）组织编制危险性较大工程安全专项施工方案。

（6）开展项目安全教育培训。

（7）组织实施项目安全检查和隐患排查。

（8）建立项目安全生产管理档案。

（9）及时、如实报告安全生产事故。

2. 项目专职安全生产管理人员的主要职责

（1）负责施工现场安全生产日常检查并做好检查记录。

（2）现场监督危险性较大工程安全专项施工方案实施情况。

（3）对作业人员违规违章行为有权予以纠正或查处。

（4）对施工现场存在的安全隐患有权责令立即整改。

（5）对于发现的重大安全隐患，有权向企业安全生产管理机构报告。

（6）依法报告生产安全事故情况。

五、专职安全生产管理人员的配备标准（表 **3-1-1**）

1. 总承包单位配备项目专职安全生产管理人员的要求

（1）建筑工程、装修工程按照建筑面积配备

①1 万平方米以下的工程不少于 1 人。

②1 万～5 万平方米的工程不少于 2 人。

③5 万平方米及以上的工程不少于 3 人，且按专业配备专职安全生产管理人员。

（2）土木工程、线路管道、设备安装工程按照工程合同价配备

① 5000 万元以下的工程不少于 1 人。

② 5000 万 ~1 亿元的工程不少于 2 人。

③ 1 亿元及以上的工程不少于 3 人，且按专业配备专职安全生产管理人员。

2. 分包单位配备项目专职安全生产管理人员的要求

（1）专业承包单位应当配置至少 1 人，并根据所承担的分部分项工程的工程量和施工危险程度增加。

（2）劳务分包单位施工人员在不多于 50 人的，应当配备 1 名专职安全生产管理人员；50 ~200 人的，应当配备 2 名专职安全生产管理人员；不少于 200 人的，应当配备 3 名及以上专职安全生产管理人员，并根据所承担的分部分项工程施工危险实际情况增加，不得少于工程施工人员总人数的 50‰。

表 3-1-1　专职安全生产管理人员配备标准一览表

<table>
<tr><th colspan="3">单位</th><th>配备标准（人）</th></tr>
<tr><td rowspan="3">施工总承包</td><td colspan="2">特级资质企业</td><td>≥6</td></tr>
<tr><td colspan="2">一级资质企业</td><td>≥4</td></tr>
<tr><td colspan="2">二级及以下资质企业</td><td>≥3</td></tr>
<tr><td rowspan="2">施工专业承包</td><td colspan="2">一级资质企业</td><td>≥3</td></tr>
<tr><td colspan="2">二级及以下资质企业</td><td>≥2</td></tr>
<tr><td rowspan="6">总承包项目经理部</td><td rowspan="3">建筑工程、装修工程按建筑面积配备</td><td>1 万平方米以下</td><td>≥1</td></tr>
<tr><td>1 万 ~5 万平方米</td><td>≥2</td></tr>
<tr><td>5 万平方米及以上</td><td>≥3（按专业配备）</td></tr>
<tr><td rowspan="3">土木工程、线路管道、设备安装按合同价</td><td>5000 万元以下</td><td>≥1</td></tr>
<tr><td>5000 万 ~1 亿元</td><td>≥2</td></tr>
<tr><td>1 亿元及以上</td><td>≥3（按专业配备）</td></tr>
<tr><td rowspan="3">劳务分包单位项目经理部施工人员（人）</td><td colspan="2">≤50</td><td>≥1</td></tr>
<tr><td colspan="2">50 ~200</td><td>≥2</td></tr>
<tr><td colspan="2">≥200</td><td>≥3</td></tr>
</table>

第二章　安全生产责任制度

一、相关法律法规

《中华人民共和国安全生产法》规定：

第二十二条　生产经营单位的全员安全生产责任制应当明确各岗位的责任人员、责任范围和考核标准等内容。

生产经营单位应当建立相应的机制，加强对安全生产责任制落实情况的监督考核，保证安全生产责任制的落实。

《中华人民共和国建筑法》规定：

第三十六条 建筑工程安全生产管理必须坚持安全第一、预防为主的方针，建立健全安全生产的责任制度和群防群治制度。

第四十四条 建筑施工企业必须依法加强对建筑安全生产的管理，执行安全生产责任制度，采取有效措施，防止伤亡和其他安全生产事故的发生。建筑施工企业的法定代表人对本企业的安全生产负责。

二、各级管理人员安全责任

建筑施工企业应按照国家有关安全生产的法律、法规，建立健全各级安全生产责任制度，明确各岗位的责任人员、责任内容和考核要求。并在责任制中说明对责任落实情况的检查办法和对各级各岗位执行情况的考核奖罚规定。

1. 企业安全生产工作的第一责任人（对本企业安全生产负全面领导责任）的安全生产职责

（1）贯彻执行国家和地方有关安全生产的方针政策和法规、规范。

（2）掌握本企业安全生产动态，定期研究安全工作。

（3）组织制订安全工作目标、规划实施计划。

（4）组织制订和完善各项安全生产规章制度及奖惩办法。

（5）建立、健全安全生产责任制，并领导、组织考核工作。

（6）建立、健全安全生产管理体系，保证安全生产投入。

（7）督促、检查安全生产工作，及时消除生产安全事故隐患。

（8）组织制订并实施生产安全事故应急救援预案。

（9）及时、如实报告生产安全事故；在事故调查组的指导下，领导、组织有关部门或人员，配合事故调查处理工作，监督防范措施的制订和落实，防止事故重复发生。

2. 企业主管安全生产负责人的安全生产职责

（1）组织落实安全生产责任制和安全生产管理制度，对安全生产工作负直接领导责任。

（2）组织实施安全工作规划及实施计划，实现安全目标。

（3）领导、组织安全生产宣传教育工作。

（4）确定安全生产考核指标。

（5）领导、组织安全生产检查。

（6）领导、组织对分包（供）方的安全生产主体资格考核与审查。

（7）认真听取、采纳安全生产的合理化建议，保证安全生产管理体系的正常运转。

（8）发生生产安全事故时，组织实施生产安全事故应急救援。

3. 企业技术负责人的安全生产职责

（1）贯彻执行国家和上级的安全生产方针、政策，在本企业施工安全生产中负技术领导责任。

（2）审批施工组织设计和专项施工方案（措施）时，审查其安全技术措施，并做出决定性意见。

（3）领导开展安全技术攻关活动，并组织技术鉴定和验收。

（4）新材料、新技术、新工艺、新设备使用前，组织审查其使用和实施过程中的安全性，组织编制或审定相应的操作规程。

（5）参加生产安全事故的调查和分析，从技术上分析事故原因，制订整改防范措施。

4. 企业总会计师的安全生产职责

（1）组织落实本企业财务工作的安全生产责任制，认真执行安全生产奖惩规定。

（2）组织编制年度财务计划的同时，编制安全生产费用投入计划，保证经费到位和合理开支。

（3）监督、检查安全生产费用的使用情况。

5. 项目经理安全生产职责

（1）对承包项目工程生产经营过程中的安全生产负全面领导责任。

（2）贯彻落实安全生产方针、政策、法规和各项规章制度，结合项目工程特点及施工全过程的情况，制订本项目工程各项安全生产管理办法或提出要求，并监督其实施。

（3）在组织项目工程业务承包，聘用业务人员时，必须本着安全工作只能加强的原则，根据工程特点确定安全工作的管理体制和人员，并明确各业务承包人的安全责任和考核指标，支持、指导安全管理人员的工作。

（4）健全和完善用工管理手续，录用外包队必须及时向有关部门申报，严格执行用工制度与管理，适时组织上岗安全教育，要对外包队的健康与安全负责，加强劳动保护工作。

（5）组织落实施工组织设计中的安全技术措施，组织并监督项目工程施工中安全技术交底制度和设备、设施验收制度的实施。

（6）领导、组织施工现场定期的安全生产检查，发现施工生产中不安全问题，组织制订措施，并及时解决。对上级提出的安全生产与管理方面的问题，要定时、定人、定措施予以解决。

（7）发生事故，要做好现场保护与抢救工作，并及时上报。组织、配合事故的调查，认真落实制订的防范措施，吸取事故教训。

6. 项目技术负责人安全生产职责

（1）对项目工程生产经营中的安全生产负技术责任。

（2）贯彻、落实安全生产方针、政策、严格执行安全技术规程、规范、标准，结合项目工程特点，主持项目工程的安全技术交底。

（3）参加或组织编制施工组织设计。编制、审查施工方案时，要制订、审查安全技术措施，保证其可行性与针对性，并随时检查、监督、落实。

（4）主持制订技术措施计划和季节性施工方案的同时，制订相应的安全技术措施并监督执行，及时解决执行中出现的问题。

（5）项目工程采用新材料、新技术、新工艺，要及时上报，经批准后方可实施，同时要组织上岗人员的安全技术培训、教育，认真执行相应的安全技术措施与安全操作工艺、要求，预防施工中因化学物品引起的火灾、中毒或其他新工艺实施中可能造成的事故。

（6）主持安全防护设施和设备的验收，发现设备、设施的不正常情况后及时采取措施，严格控制不符合标准要求的防护设备、设施投入使用。

（7）参加安全生产检查，对施工中存在的不安全因素，从技术方面提出整改意见和办法并予以消除。

（8）参加、配合因工伤亡及重大未遂事故的调查，从技术上分析事故原因，提出防范措施、意见。

7. 分包单位负责人安全生产职责

（1）认真执行安全生产的各项法规、规定、规章制度及安全操作规程，合理安排班组人员工作，对本队人员在生产中的安全和健康负责。

（2）按制度严格履行各项劳务用工手续，做好本队人员的岗位安全培训。经常组织学习安全操作规程，监督本队人员遵守劳动、安全纪律，做到不违章指挥，且制止违章作业。

（3）必须保持本队人员的相对稳定。人员变更，须事先向有关部门申报，批准后新来人员应按规定办理各种手续，并经入场和上岗安全教育后方准上岗。

（4）根据上级的交底向本队各工种进行详细的书面安全交底，针对当天任务、作业环境等情况，做好班前安全讲话，监督其执行情况，发现问题，及时纠正、解决。

（5）定期和不定期组织，检查本队人员作业现场安全生产状况，发现问题，及时纠正，重大隐患应立即上报有关领导。

（6）发生因工伤亡及未遂事故，保护好现场，做好伤者抢救工作，并立即上报有关部门。

8. 项目专职安全生产管理人员安全生产职责

（1）负责施工现场安全生产日常检查并做好检查记录。

（2）现场监督危险性较大工程安全专项施工方案实施情况。

（3）对作业人员违规违章行为有权予以纠正或查处。

（4）对施工现场存在的安全隐患有权责令立即整改。

（5）对于发现的重大安全隐患，有权向企业安全生产管理机构报告。

（6）依法报告生产安全事故情况。

三、职能部门安全生产责任

1. 工程管理部门安全生产职责

（1）在计划、布置、检查、总结、评比生产工作的同时进行计划、布置、检查、总结、评比安全工作，对改善劳动条件、预防伤亡事故的项目必须视同生产任务，纳入生产计划时应优先安排。

（2）在检查生产计划实施情况同时，要检查安全措施项目的执行情况，对施工中重要安全防护设施、设备的实施工作要纳入计划，列为正式工序，给予时间保证。

（3）协调配置安全生产所需的各项资源。

（4）在生产任务与安全保障发生矛盾时，必须优先解决安全工作的实施。

（5）参加安全生产检查和生产安全事故的调查、处理。

2. 技术管理部门安全生产职责

（1）贯彻执行国家和上级有关安全技术及安全操作规程或规定，保证施工生产中安全技术措施的制订和实施。

（2）在编制和审查施工组织设计和专项施工方案的过程中，要在每个环节中贯穿安全技术措施。确定后的方案，若有变更，应及时组织修订。

（3）检查施工组织设计和施工方案中安全措施的实施情况，对施工中涉及安全方面的技术性问题，提出解决办法。

（4）按规定组织危险性较大的分部分项工程专项施工方案编制及专家论证工作。

（5）组织安全防护设备、设施的安全验收。

（6）新技术、新材料、新工艺使用前，制订相应的安全技术措施和安全操作规程；对改善劳动条件，减轻笨重体力劳动、消除噪声等方面的治理进行研究解决。

（7）参加生产安全事故和重大未遂事故中技术性问题的调查，分析事故技术原因，从技术上提出防范措施。

3. 机械动力管理部门安全生产职责

（1）负责本企业机械动力设备的安全管理，监督检查。

（2）对相关特种作业人员定期培训、考核。

（3）参与组织编制机械设备施工组织设计，参与机械设备施工方案的会审。

（4）分析生产安全事故涉及设备原因，提出防范措施。

4. 劳务管理安全生产职责

（1）对职工（含外包队工）进行定期的教育考核，将安全技术知识列为工人培训、考工、评级内容之一，对招收新工人（含外包队工）要组织入厂教育和资格审查，保证提供的人员具有一定的安全生产素质。

（2）严格执行国家、地方特种作业人员上岗位作业的有关规定，适时组织特种作业人员的培训工作，并向安全部门或主管领导通报情况。

（3）认真落实国家和地方有关劳动保护的法规，严格执行有关人员的劳动保护待遇，并监督实施情况。

（4）参加生产安全事故的调查，从用工方面分析事故原因，认真执行对事故责任者的处理意见。

5. 物资管理部门安全生产职责

（1）贯彻执行国家或有关行业的技术标准、规范，制订物资管理制度和易燃、易爆、剧毒物品的采购、发放、使用、管理制度，并监督执行。

（2）确保购置（租赁）的各类安全物资、劳动保护用品符合国家或有关行业的技术标准、规范的要求。

（3）组织开展安全物资抽样试验、检修工作。

（4）参加安全生产检查。

6. 人力资源部门安全生产职责

（1）审查安全管理人员资格，足额配备安全管理人员，开发、培养安全管理力量。

（2）将安全教育纳入职工培训教育计划，配合开展安全教育培训。

（3）落实特殊岗位人员的劳动保护待遇。

（4）负责职工和建设工程施工人员的工伤保险工作。

（5）依法实行工时、休息、休假制度，对女职工和未成年职工实行特殊劳动保护。

（6）参加工伤生产安全事故的调查，认真执行对事故责任者的处理。

7. 财务管理部门安全生产职责

（1）及时提取安全技术措施经费、劳动保护经费及其他安全生产所需经费，保证专款专用。

（2）协助安全主管部门办理安全奖、罚款手续。

8. 保卫消防部门安全生产职责

（1）贯彻执行国家及地方有关消防保卫的法规、规定。

（2）制订消防保卫工作计划和消防安全管理制度，并监督检查执行情况。

（3）参加施工组织设计、方案的审核，提出具体建议并监督实施。

（4）组织开展消防安全教育，会同有关部门对特种作业人员进行消防安全考核。

（5）组织开展消防安全检查，排除火灾隐患。

（6）负责调查火灾事故的原因，提出处理意见。

9. 行政卫生部门安全生产职责

（1）对职工进行健康体检和对特种作业人员身体进行定期专项检查。

（2）监测有毒有害作业场所的尘毒浓度，做好职业病预防工作。

（3）正确使用防暑降温费用，保证清凉饮料的供应与卫生。

（4）负责本企业食堂（含现场临时食堂）的饮食卫生工作。

（5）督促施工现场救护队组建，组织救护队成员的业务培训工作。

（6）负责流行性疾病和食物中毒事故的调查与处理，提出防范措施。

10. 安全管理部门的安全生产职责

（1）宣传和贯彻国家有关安全生产法律法规和标准。

（2）编制并适时更新安全生产管理制度并监督实施。

（3）组织或参与企业生产安全事故应急救援预案的编制及演练。

（4）组织开展安全教育培训与交流。

（5）协调配备项目专职安全生产管理人员。

（6）制订企业安全生产检查计划并组织实施。

（7）监督在建项目安全生产费用的使用。

（8）参与危险性较大工程安全专项施工方案专家论证会。

（9）通报在建项目违规违章查处情况。

（10）组织开展安全生产评优评先表彰工作。

（11）建立企业在建项目安全生产管理档案。

（12）考核评价分包企业安全生产业绩及项目安全生产管理情况。

（13）参加生产安全事故的调查和处理工作。

第三章　安全生产资金保障

一、相关法律法规

《中华人民共和国安全生产法》规定：

第二十三条　生产经营单位应当具备的安全生产条件所必需的资金投入，由生产经营单位的决策机构、主要负责人或者个人经营的投资人予以保证，并对由于安全生产所必需的资金投入不足导致的后果承担责任。

有关生产经营单位应当按照规定提取和使用安全生产费用，专门用于改善安全生产条件。安全生产费用在成本中据实列支。安全生产费用提取、使用和监督管理的具体办法由国务院财政部门会同国务院应急管理部门征求国务院有关部门意见后制定。

《建设工程安全生产管理条例》规定：

第二十二条 施工单位对列入建设工程概算的安全作业环境及安全施工措施所需费用，应当用于施工安全防护用具及设施的采购和更新、安全施工措施的落实、安全生产条件的改善，不得挪作他用。

二、基本规定

（1）安全生产费用管理应包括资金的提取、申请、审核审批、支付、使用、统计、分析、审计检查等工作内容。

（2）施工企业应按规定提取安全生产所需的费用。安全生产费用应包括安全技术措施、安全教育培训、劳动保护、应急准备等，以及必要的安全评价、监测、检测、论证所需费用。

（3）施工企业各管理层应根据安全生产管理需要，编制安全生产费用使用计划，明确费用使用的项目、类别、额度、实施单位及责任者、完成期限等内容，并应经审核批准后执行。

（4）施工企业各管理层相关负责人必须在其管辖范围内，按专款专用、及时足额的要求，组织落实安全生产费用使用计划。

（5）施工企业各管理层应建立安全生产费用分类使用台账，应定期统计，并报上一级管理层。

（6）施工企业各管理层应定期对下一级管理层的安全生产费用使用计划的实施情况进行监督审查和考核。

（7）施工企业各管理层应对安全生产费用管理情况进行年度汇总分析，并应及时调整安全生产费用的比例。

三、企业安全生产费用提取和使用管理办法

1. 安全费用的提取标准

建设工程施工企业以建筑安装工程造价为计提依据。各建设工程类别安全费用提取标准如下：

（1）房屋建筑工程、水利水电工程、电力工程、铁路工程、城市轨道交通工程为2.0%。

（2）市政公用工程、冶炼工程、机电安装工程、化工石油工程、港口与航道工程、公路工程、通信工程为1.5%。

建设工程施工企业提取的安全费用列入工程造价，在竞标时，不得删减，列入标外管理。国家对基本建设投资概算另有规定的，从其规定。

总包单位应当将安全费用按比例直接支付分包单位并监督使用，分包单位不再重复提取。

2. 安全费用的使用范围

建设工程施工企业安全费用应当按照以下范围使用：

（1）完善、改造和维护安全防护设施设备支出（不含“三同时”要求初期投入的安全设施），包括施工现场临时用电系统、洞口、临边、机械设备、高处作业防护、交叉作业防护、防火、防爆、防尘、防毒、防雷、防台风、防地质灾害、地下工程有害气体监测、通风、临时安全防护等设施设备支出。

(2）配备、维护、保养应急救援器材、设备支出和应急演练支出。

(3）开展重大危险源和事故隐患评估、监控和整改支出。

(4）安全生产检查、评价（不包括新建、改建、扩建项目安全评价）、咨询和标准化建设支出。

(5）配备和更新现场作业人员安全防护用品支出。

(6）安全生产宣传、教育、培训支出。

(7）安全生产适用的新技术、新标准、新工艺、新装备的推广应用支出。

(8）安全设施及特种设备检测检验支出。

(9）其他与安全生产直接相关的支出。

四、安全生产费用使用和监督

1. 使用

(1）工程项目在开工前应按照项目施工组织设计或专项安全技术方案编制安全生产费用的投入计划，安全生产费用的投入应满足本项目的安全生产需要。

(2）安全生产费用应当优先用于满足安全生产隐患整改支出或达到安全生产标准所需支出。

(3）工程项目按照安全生产费用的投入计划进行相应的物资采购和实物调拨，并建立项目安全用品采购和实物调拨台账。

(4）安全生产费用专款专用。安全生产费用计划不能满足安全生产实际投入需要的部分，据实计入生产成本。

2. 监督检查

(1）各级企业进行安全生产检查、评审和考核时，应把安全生产费用的投入和管理作为一项必查内容，检查安全生产费用投入计划、安全生产费用投入额度、安全用品实物台账和施工现场安全设施投入情况，不符合规定的应立即纠正。

(2）各企业应定期对项目经理部安全生产投入的执行情况进行监督检查，及时纠正由于安全投入不足，致使施工现场存在安全隐患的问题。

(3）施工项目对分包安全生产费用的投入必须进行认真检查，防止并纠正不按照安全生产技术措施的标准和数量进行安全投入、现场安全设施不到位及员工防护不达标现象。

第四章　安全生产检查

一、相关法律法规

《中华人民共和国安全生产法》规定：

第二十一条　生产经营单位的主要负责人对本单位安全生产工作负有下列职责：

(五）组织建立并落实安全风险分级管控和隐患排查治理双重预防工作机制，督促、检查本单位的安全生产工作，及时消除生产安全事故隐患；

第二十五条　生产经营单位的安全生产管理机构以及安全生产管理人员履行下列职责：

(五）检查本单位的安全生产状况，及时排查生产安全事故隐患，提出改进安全生产管理的建议；

第四十六条 生产经营单位的安全生产管理人员应当根据本单位的生产经营特点，对安全生产状况进行经常性检查；对检查中发现的安全问题，应当立即处理；不能处理的，应当及时报告本单位有关负责人，有关负责人应当及时处理。检查及处理情况应当如实记录在案。

生产经营单位的安全生产管理人员在检查中发现重大事故隐患，依照前款规定向本单位有关负责人报告，有关负责人不及时处理的，安全生产管理人员可以向主管的负有安全生产监督管理职责的部门报告，接到报告的部门应当依法及时处理。

《建设工程安全生产管理条例》规定：

第二十一条 施工单位主要负责人应当对所承担的建设工程进行定期和专项安全检查，并做好安全检查记录。

二、检查内容和要求

（一）检查内容

施工企业安全检查应包括下列内容：

（1）安全管理目标的实现程度。

（2）安全生产职责的履行情况。

（3）各项安全生产管理制度的执行情况。

（4）施工现场管理行为和实物状况。

（5）生产安全事故、未遂事故和其他违规违法事件的报告调查、处理情况。

（6）安全生产法律法规、标准规范和其他要求的执行情况。

（二）安全检查方式

1. 定期安全生产检查

（1）工程项目部每天应结合施工动态，实行安全巡查。

（2）总承包工程项目部应组织各分包单位每周进行安全检查。

（3）施工企业每月应对工程项目施工现场安全生产情况至少进行一次检查，并应针对检查中发现的倾向性问题、安全生产状况较差的工程项目，组织专项检查。

2. 专业性安全生产检查

专业性安全生产检查内容包括对深基坑物料提升机、脚手架、施工用电、塔式起重机等的安全生产问题和普遍性安全问题进行单项专业检查。这类检查专业性强，也可以结合单项评比进行，参加专业安全生产检查组的人员应由技术负责人、专业技术人员、专项作业负责人参加。

3. 季节性安全生产检查

季节性安全生产检查是针对施工所在地气候的特点，可能给施工带来危害而组织的安全生产检查。

4. 节假日前后安全生产检查

节假日前后安全生产检查是针对节假日前后职工思想松懈而进行的安全生产检查。

5. 自检、互检和交接检查

（1）自检。班组作业前、后对自身所处的环境和工作程序要进行安全生产检查，可随时消除不安全隐患。

（2）互检。班组之间开展的安全生产检查。可以做到互相监督、共同遵章守纪。

（3）交接检查。上道工序完毕，交给下道工序使用或操作前，应由工地负责人组织工长、安全员、班组长及其他有关人员参加，进行安全生产检查和验收，确认无安全隐患，达到合格要求后，方能交给下道工序使用或操作。

三、安全隐患的处理

（1）对检查中存在的问题和隐患，应定人、定时间、定措施组织整改，并应跟踪复查直至整改完毕。

（2）施工企业对安全检查中发现的问题，宜按隐患类别分类记录，定期统计，并应分析确定多发和重大隐患类别，制订实施治理措施。

（3）安全检查应建立检查台账，将每次检查和整改的情况详细记录在案，便于一旦发生事故时追溯原因和责任。

（4）对凡是有即发性事故危险的隐患、违章指挥、违章作业行为，检查人员应责令立即停止该项作业，被查单位必须立即整改。

（5）对检查发现的重大安全隐患有可能立即导致人员伤亡或财产损失时，安全检查人员有权责令立即全部或局部停工，由项目经理组织制订并落实事故隐患合理整改方案，待整改验收合格后方可恢复施工。对由施工企业能力不能消除或超出其职责范围的隐患，要及时以书面形式报工程项目建设单位，由工程建设相关方进行共同研究整改方案。

（6）项目经理部根据检查的结果，对存在的问题进行分析研究，提出改进的措施和要求，并与目标管理、责任制考核及奖罚等相结合。

（7）施工企业应定期对安全生产管理的适宜性、符合性和有效性进行评估。应确定改进措施，并对其有效性进行跟踪验证和评价。发生下列情况时，企业应及时进行安全生产管理评估：

① 适用法律法规发生变化。

② 企业组织机构和体制发生重大变化。

③ 发生生产安全事故。

④ 其他影响安全生产管理的重大变化。

（8）施工企业应建立并保存安全检查和改进活动的资料与记录。

四、施工现场安全检查标准

（一）检查评定项目

施工现场安全检查的评定主要依据是《建筑施工安全检查标准》（JGJ 59—2011），该标准将检查评为项目为安全管理、文明施工、脚手架、基坑工程、模板支架、高处作业、施工用电、物料提升机与施工升降机、塔式起重机与起重吊装、施工机具共 10 项。

1. 安全管理

安全管理检查评定保证项目应包括：安全生产责任制、施工组织设计及专项施工方案、安全技术交底、安全检查、安全教育、应急救援。一般项目应包括：分包单位安全管理、持证上岗、生产安全事故处理、安全标志。

2. 文明施工

（1）文明施工检查评定保证项目

文明施工检查评定保证项目应包括：现场围挡、封闭管理、施工场地、材料管理、现场办公与住宿、现场防火。

一般项目应包括：综合治理、公示标牌、生活设施、社区服务。

（2）文明施工保证项目的检查评定

文明施工保证项目的检查评定应符合应包括：现场围挡、封闭管理、施工场地、材料管理、现场办公与住宿、现场防火。

一般项目应包括：综合治理、公示标牌、生活设施、社区服务。

3. 扣件式钢管脚手架

（1）扣件式脚手架

扣件式钢管脚手架检查评定保证项目应包括：施工方案、立杆基础、架体与建筑结构拉结、杆件间距与剪刀撑、脚手板与防护栏杆、交底与验收。

一般项目应包括：横向水平杆设置、杆件连接、层间防护、构配件材质、通道。

（2）门式钢管脚手架

门式钢管脚手架检查评定保证项目应包括：施工方案、架体基础、架体稳定、杆件锁臂、脚手板、交底与验收。

一般项目应包括：架体防护、构配件材质、荷载、通道。

（3）碗扣式钢管脚手架

碗扣式钢管脚手架检查评定保证项目应包括：施工方案、架体基础、架体稳定、杆件锁件、脚手板、交底与验收。

一般项目应包括：架体防护、构配件材质、荷载、通道。

（4）承插型盘扣式钢管脚手架

承插型盘扣式钢管脚手架检查评定保证项目包括：施工方案、架体基础、架体稳定、杆件设置、脚手板、交底与验收。

一般项目应包括：架体防护、杆件连接、构配件材质、通道。

（5）满堂脚手架

满堂脚手架检查评定保证项目应包括：施工方案、架体基础、架体稳定、杆件锁件、脚手板、交底与验收。

一般项目应包括：架体防护、构配件材质、荷载、通道。

（6）悬挑式脚手架

悬挑式脚手架检查评定保证项目应包括：施工方案、悬挑钢梁、架体稳定、脚手板、荷载、交底与验收。

一般项目应包括：杆件间距、架体防护、层间防护、构配件材质。

（7）附着式升降脚手架

附着式升降脚手架检查评定保证项目包括：施工方案、安全装置、架体构造、附着支座、架体安装、架体升降。

一般项目包括：检查验收、脚手板、架体防护、安全作业。

（8）高处作业吊篮

高处作业吊篮检查评定保证项目应包括：施工方案、安全装置、悬挂机构、钢丝绳、安装作业、升降作业。

一般项目应包括：交底与验收、安全防护、吊篮稳定、荷载。

4. 基坑工程

基坑工程检查评定保证项目应包括：施工方案、基坑支护、降排水、基坑开挖、坑边荷载、安全防护。

一般项目应包括：基坑监测、支撑拆除、作业环境、应急预案。

5. 模板支架

模板支架检查评定保证项目应包括：施工方案、支架基础、支架构造、支架稳定、施工荷载、交底与验收。

一般项目应包括：杆件连接、底座与托撑、构配件材质、支架拆除。

6. 高处作业

高处作业检查评定项目应包括：安全帽、安全网、安全带、临边防护、洞口防护、通道口防护、攀登作业、悬空作业、移动式操作平台、悬挑式物料钢平台。

7. 施工用电

施工用电检查评定的保证项目应包括：外电防护、接地与接零保护系统、配电线路、配电箱与开关箱。

一般项目应包括：配电室与配电装置、现场照明、用电档案。

8. 物料提升机与施工升降机

（1）物料提升机

物料提升机检查评定保证项目应包括：安全装置、防护设施、附墙架与缆风绳、钢丝绳、安拆、验收与使用。

一般项目应包括：基础与导轨架、动力与传动、通信装置、卷扬机操作棚、避雷装置。

（2）施工升降机

施工升降机检查评定保证项目应包括：安全装置、限位装置、防护设施、附墙架、钢丝绳、滑轮与对重、安拆、验收与使用。

一般项目应包括：导轨架、基础、电气安全、通信装置。

9. 塔式起重机与起重吊装

（1）塔式起重机

塔式起重机检查评定保证项目应包括：载荷限定装置、行程限位装置、保护装置、吊钩、滑轮、卷筒与钢丝绳、多塔作业、安拆、验收与使用。一般项目应包括：附着、基础与轨道、结构设施、电气安全。

（2）起重吊装

起重吊装检查评定保证项目应包括：施工方案、起重机械、钢丝绳与地锚、索具、作业环境、作业人员。

一般项目应包括：起重吊装、高处作业、构件码放、警戒监护。

10. 施工机具

施工机具检查评定项目应包括：平刨、圆盘锯、手持电动工具、钢筋机械、电焊机、搅拌机、气瓶、翻斗车、潜水泵、振捣器、桩工机械。

（二）检查评分方法及评定等级

1. 检查评分方法

（1）建筑施工安全检查评定中，保证项目应全数检查。

（2）建筑施工安全检查评定应符合各检查评定项目的有关规定，并应按《建筑施工安全检查标准》附表 A、B 的评分表进行评分。检查评分表应分为安全管理、文明施工、脚手架、基坑工程、模板支架、高处作业、施工用电、物料提升机与施工升降机，塔式起重机与起重吊装、施工机具分项检查评分表和检查评定分汇总表。

（3）各评分表的评分应符合下列规定：

① 分项检查评分表和检查评分汇总表的满分分值均应为 100 分，评分表的实得分值应为各检查项目所得分值之和；

② 评分应采用扣减分值的方法，扣减分值总和不得超过该检查项目的应得分值；

③ 当按分项检查评分表评分时，保证项目中有一项未得分或保证项目小计得分不足 40 分，此分项检查评分表不应得分；

④ 检查评分汇总表中各分项项目实得分值应按下式计算：

$$A_1 = \frac{B \times C}{100}$$

式中 A_1——汇总表各分项项目实得分值；

B——汇总表中该项应得满分值；

C——该项检查评分表实得分值。

⑤ 当评分遇有缺项时，分项检查评分表或检查评分汇总表的总得分值应按下式计算：

$$A_2 = \frac{D}{E} \times 100$$

式中 A_2——遇有缺项时，总得分值；

D——实查项目在该表的实得分值之和；

E——实查项目在该表的应得满分值之和。

⑥ 脚手架、物料提升机与施工升降机、塔式起重机与起重吊装项目的实得分值，应为所对应专业的分项检查评分表实得分值的算术平均值。

2. 检查评定等级

（1）应按汇总表的总得分和分项检查评分表的得分，对建筑施工安全检查评定划分为优良、合格、不合格三个等级。

（2）建筑施工安全检查评定的等级划分应符合下列规定：

① 优良：分项检查评分表无零分，汇总表得分值应在 80 分及以上。

② 合格：分项检查评分表无零分，汇总表得分值应在 80 分以下，70 分及以上。

③ 不合格：

a. 当汇总表得分值不足 70 分时。

b. 当有一分项检查评分表为零时。

（3）当建筑施工安全检查评定的等级为不合时，必须限期整改达到合格。

（三）检查评分表计算方法举例

1. 汇总表中各项实得分计算

按《安全管理检查评分表》打分实得分为76分，换算到汇总表中“安全管理”分项实得分为：

$$分项实得分 = (10 \times 76) \div 100 = 7.60 分$$

2. 汇总表检查中遇有缺项时，汇总表总得分计算

某施工现场未设置物料提升机与施工升降机，其他各分项汇总得分为84分，该施工现场实得分为：

$$汇总表实得满分 = 100 - 10 = 90.00 分$$

$$缺项的汇总表实得分 = (84 \div 90) \times 100 = 93.33 分$$

3. 分项表中遇有缺项时，分项得分计算

某施工现场临时用电无外电线路，《施工用电检查评分表》中其他各项实得分为66分，《施工用电检查评分表》实得分为：

$$施工用电分项表实得满分 = 100 - 20 = 80.00 分$$

$$缺项的分表实得分 = 66 \div 80 \times 100 = 82.50 分$$

4. 当分表中保证项目不足40分时，分项表实得分计算

某施工现场按《施工用电检查评分表》计算，保证项目实得分为36分，其他项目实得分为34分，该施工现场《施工用电检查评分表》实得分计算。

按照《建筑施工安全检查标准》检查评分表的评分标准规定，保证项目不足40分，该分项表得分为0分。

5. 在各个分项表中，遇有多个项目时，分项实得分计算

某施工现场的脚手架采用满堂脚手架、悬挑脚手架、附着式升降脚手架，满堂脚手架实得分为89分，悬挑脚手架得分为84分，附着式升降脚手架得分为94分，该施工现场脚手架分项表实得分为：

$$脚手架分项实得分 = (89 + 84 + 94) \div 3 = 89.00 分$$

6. 分项缺项2项及2项以上时，汇总表实得分的计算

（1）检查某施工现场，物料提升机与施工升降机、塔式起重机与起重吊装缺项，其他分项相加换算后实得分为72分，则该施工现场汇总表实得分为：

$$汇总表实得满分 = 100 - 10 - 10 = 80.00 分$$

$$汇总表实得分 = 72 \div 80 \times 100 = 90.00 分$$

（2）某施工现场按照《建筑施工安全检查标准》评分，各分项折合得分如下：安全管理7.6分、文明施工12分、脚手架8.9分、基坑工程8.6分、模板工程8.4分、高处作业8.8分、施工用电8.6分、物料提升机与施工升降机8.2分、施工机具4.4分，塔式起重机与起重吊装缺项该施工现场实得分为：

汇总表实得分 = (7.6 + 12 + 8.9 + 8.6 + 8.4 + 8.8 + 8.6 + 8.2 + 4.4) ÷ (100 - 10) × 100
= 83.89 分

该工程有个检查项目为缺项，没有分项检查评分表得 0 分，根据评分标准该工程安全检查评定等级为“优良”。

第五章　安全生产教育管理

一、相关法律法规

《中华人民共和国安全生产法》规定：

第二十七条　生产经营单位的主要负责人和安全生产管理人员必须具备与本单位所从事的生产经营活动相应的安全生产知识和管理能力。

危险物品的生产、经营、储存、装卸单位以及矿山、金属冶炼、建筑施工、运输单位的主要负责人和安全生产管理人员，应当由主管的负有安全生产监督管理职责的部门对其安全生产知识和管理能力考核合格。考核不得收费。

危险物品的生产、储存、装卸单位以及矿山、金属冶炼单位应当有注册安全工程师从事安全生产管理工作。鼓励其他生产经营单位聘用注册安全工程师从事安全生产管理工作。注册安全工程师按专业分类管理，具体办法由国务院人力资源和社会保障部门、国务院应急管理部门会同国务院有关部门制定。

第二十八条　生产经营单位应当对从业人员进行安全生产教育和培训，保证从业人员具备必要的安全生产知识，熟悉有关的安全生产规章制度和安全操作规程，掌握本岗位的安全操作技能，了解事故应急处理措施，知悉自身在安全生产方面的权利和义务。未经安全生产教育和培训合格的从业人员，不得上岗作业。

生产经营单位使用被派遣劳动者的，应当将被派遣劳动者纳入本单位从业人员统一管理，对被派遣劳动者进行岗位安全操作规程和安全操作技能的教育和培训。劳务派遣单位应当对被派遣劳动者进行必要的安全生产教育和培训。

生产经营单位应当建立安全生产教育和培训档案，如实记录安全生产教育和培训的时间、内容、参加人员以及考核结果等情况。

第二十九条　生产经营单位采用新工艺、新技术、新材料或者使用新设备，必须了解、掌握其安全技术特性，采取有效的安全防护措施，并对从业人员进行专门的安全生产教育和培训。

第三十条　生产经营单位的特种作业人员必须按照国家有关规定经专门的安全作业培训，取得相应资格，方可上岗作业。

《建筑工程安全生产管理条例》规定：

第二十五条　垂直运输机械作业人员、安装拆卸工、爆破作业人员、起重信号工、登高架设作业人员等特种作业人员，必须按照国家有关规定经过专门的安全作业培训，并取得特种作业操作资格证书后，方可上岗作业。

第三十六条　施工单位的主要负责人、项目负责人、专职安全生产管理人员应当经建设行政主管部门或者其他有关部门考核合格后方可任职。

施工单位应当对管理人员和作业人员每年至少进行一次安全生产教育培训，其教育培训情况记入个人工作档案。安全生产教育培训考核不合格的人员，不得上岗。

第三十七条 作业人员进入新的岗位或者新的施工现场前，应当接受安全生产教育培训。未经教育培训或者教育培训考核不合格的人员，不得上岗作业。

施工单位在采用新技术、新工艺、新设备、新材料时，应当对作业人员进行相应的安全生产教育培训。

二、基本规定

（1）施工企业安全生产教育培训应贯穿于生产经营的全过程，教育培训应包括计划编制、组织实施和人员持证审核等工作内容。

（2）施工企业安全生产教育培训计划应依据类型、对象、内容、时间安排、形式等需求进行编制。

（3）安全教育和培训的类型应包括各类上岗证书的初审、复审培训，三级教育（企业、项目、班组）、岗前教育、日常教育、年度继续教育。

（4）安全生产教育培训的对象应包括企业各管理层的负责人、管理人员、特殊工种以及新上岗、待岗复工、转岗、换岗的作业人员。

（5）施工企业的从业人员上岗应符合下列要求：

① 企业主要负责人、项目负责人和专职安全生产管理人员必须经安全生产知识和管理能力考核合格，依法取得安全生产考核合格证书。

② 企业的各类管理人员必须具备与岗位相适应的安全生产知识和管理能力，依法取得必要的岗位资格证书。

③ 特殊工种作业人员必须经安全技术理论和操作技能考核合格，依法取得建筑施工特种作业人员操作资格证书。

（6）施工企业新上岗操作工人必须进行岗前教育培训，教育培训应包括下列内容：

① 安全生产法律法规和规章制度。

② 安全操作规程。

③ 针对性的安全防范措施。

④ 违章指挥、违章作业、违反劳动纪律产生的后果。

⑤ 预防、减少安全风险以及紧急情况下应急救援的基本知识、方法和措施。

（7）施工企业应结合季节施工要求及安全生产形势对从业人员进行日常安全生产教育培训。

（8）施工企业每年应按规定对所有从业人员进行安全生产继续教育，教育培训应包括下列内容：

① 新颁布的安全生产法律法规、安全技术标准规范和规范性文件。

② 先进的安全生产技术和管理经验。

③ 典型事故案例分析。

（9）施工企业应定期对从业人员持证上岗情况进行审核、检查，并应及时统计、汇总从业人员的安全教育培训和资格认定等相关记录。

三、培训对象和培训内容

1. 安全类证书上岗培训（表 3-5-1）

表 3-5-1　安全类证书上岗培训

培训对象		发证单位	有效期限
安全生产考核“三类”人员	建筑施工企业主要负责人	建设行业行政主管部门	3 年
	建筑施工企业项目负责人		
	机械类专职安全生产管理人员（C1）		
	土建类专职安全生产管理人员（C2）		
	综合类专职安全生产管理人员（C3）		
特种作业人员	建筑电工	建设行业行政主管部门	2 年
	建筑架子工（P）		
	建筑起重司机（T）		
	建筑起重司机（S）		
	建筑起重司机（W）		
	起重设备拆装工		
	吊篮安装拆卸工		
	建筑起重信号指挥工		
	架子工	应急管理部门	3 年
	电工		
	焊工		

2. 三级安全教育（表 3-5-2）

表 3-5-2　三级安全教育

培训对象	培训内容
公司级教育	① 安全生产法律、法规； ② 事故发生的一般规律及典型事故案例； ③ 预防事故的基本知识，急救措施
工程项目（施工队）级教育	① 各级管理部门有关安全生产的标准； ② 在施工程基本情况和必须遵守的安全事项； ③ 施工用化工产品的用途，防毒、防火知识
班组级教育	① 本班组生产工作概况，工作性质及范围； ② 本人从事工作的性质，必要的安全知识，各种机具设备及其安全防护设施的性能和作用； ③ 本工种的安全操作规程； ④ 本工程容易发生事故的部位及劳动防护用品的使用要求

3. 安全继续教育（表 3-5-3）

表 3-5-3 安全继续教育

人员类别	培训教育内容
企业主要负责人	国家安全生产方针、政策和有关安全生产的法律、法规、规章及标准，安全生产管理基本知识、安全生产技术、安全生产专业知识，国内外先进的安全生产管理经验，典型事故和应急救援案例分析，其他需要培训的内容
项目负责人	国家安全生产方针、政策和有关安全生产的法律、法规、规章及标准，安全生产管理基本知识、安全生产技术、安全生产专业知识，重大危险源管理、重大事故防范、应急管理、组织救援以及事故调查处理的有关规定，职业病危害及其预防措施，国内外先进的安全生产管理经验，典型事故和应急救援案例分析，其他需要培训的内容
专职安全生产管理人员	国家安全生产方针、政策和有关安全生产的法律、法规、规章及标准，安全生产管理、安全生产技术、职业卫生等知识，伤亡事故统计、报告及职业病危害的调查处理方法，应急管理、应急预案编制以及应急处置的内容和要求，国内外先进的安全生产管理经验，典型事故和应急救援案例分析，其他需要培训的内容
关键岗位管理人员	有关安全生产的法律、法规、规章及标准，安全生产方针和目标；安全生产基本知识，安全生产规章制度和劳动纪律，施工现场危险因素及危险源，危害后果及防范对策，个人防护用品的使用和维护，自救互救、急救方法和现场紧急情况的处理，岗位安全知识，相关事故案例，其他需要培训的内容
特种作业人员	① 安全生产有关法律法规本岗位安全操作规程； ② 安全生产规章制度、危险源辨识； ③ 个人防护技能； ④ 相关事故案例
转场人员	① 本工程项目安全生产状况及施工条件； ② 施工现场中危险部位的防护措施及典型事故案例； ③ 本工程项目的安全管理体系、规定及制度
变换工种人员	① 新工作岗位或生产班组安全生产概况、工作性质和职责； ② 新工作岗位必要的安全知识，各种机具设备及安全防护设施的性能和作用； ③ 新工作岗位、新工种的安全技术操作规程； ④ 新工作岗位容易发生事故及有毒有害的地方； ⑤ 新工作岗位个人防护用品的使用和保管

4. 教育形式

安全教育形式可分为以下几种：

（1）广告宣传式：包括安全广告、标语、宣传画、标志、展览等形式。

（2）演讲式：包括教学、讲座、讲演、经验介绍、现身说法、演讲比赛等形式。

（3）会议讨论式：包括事故现场分析会、班前班后会、专题座谈会等。

（4）竞赛式：利用现代工具进行安全、消防技能竞赛。

（5）体验式安全教育：以最直接生动的方式，在最短时间内提高体验者的安全意识。

（6）文艺演出式：以安全为题材编写和演出的相声、小品、话剧等文艺演出的教育形式。

5. 教育计划

（1）结合企业实际情况，编制企业年度安全教育计划，每个季度应有教育重点，每月要有教育内容。

（2）严格按制度进行教育对象的登记、培训、考核、发证、资料存档等工作。考试不合格者不准上岗工作。

（3）要有相对的教育培训大纲、培训教材和培训师资，确保教育时间和质量。

（4）经常监督检查，认真查处未经培训就上岗操作和特种作业人员无证操作的责任单位和责任人员。

四、安全生产教育档案管理

1. 建立“职工安全教育卡”

职工的安全教育档案管理应由企业安全管理部门统一规范，为每位在职员工建立“职工安全教育卡”。

2. 教育卡的管理

（1）分级管理。“职工安全教育卡”由职工所属的安全管理部门负责保存和管理。班组人员的“职工安全教育卡”由所属项目负责保存和管理；机关人员的“职工安全教育卡”由企业安全管理部门负责保存和管理。

（2）跟踪管理。“职工安全教育卡”实行跟踪管理，职工调动单位或变换工种时，交由职工本人带到新单位，由新单位的安全管理人员保存和管理。

（3）职工日常安全教育。职工的日常安全教育由公司安全管理部门负责组织实施，日常安全教育结束后，安全管理部门负责在职工的“职工安全教育卡”中做出相应的记录。

（4）新入厂职工安全教育规定。新入厂职工必须按规定经公司、项目、班组三级安全教育，分别由公司安全部门、项目安全部门、班组安全员在“职工安全教育卡”中做出相应的记录并签名。

3. 考核规定

（1）公司安全管理部门每月抽查“职工安全教育卡”一次。

（2）对丢失“职工安全教育卡”的部门进行相应考核。

（3）对未按规定对本部门职工进行安全教育的进行相应考核。

（4）对未按规定对本部门职工的安全教育情况进行登记的部门进行相应考核。

第六章　人员资格管理

一、建筑施工企业主要负责人、项目负责人和专职安全员管理

（一）相关法律法规

《建筑施工企业主要负责人、项目负责人和专职安全生产管理人员安全生产管理规定》（中华人民共和国住房和城乡建设部令第 17 号）相关规定本条文如下。

第三章　安全责任

第十四条　主要负责人对本企业安全生产工作全面负责，应当建立健全企业安全生产管理体系，设置安全生产管理机构，配备专职安全生产管理人员，保证安全生产投入，督促检查本企业安全生产工作，及时消除安全事故隐患，落实安全生产责任。

第十五条　主要负责人应当与项目负责人签订安全生产责任书，确定项目安全生产考核目标、奖惩措施，以及企业为项目提供的安全管理和技术保障措施。

工程项目实行总承包的，总承包企业应当与分包企业签订安全生产协议，明确双方安全生产责任。

第十六条　主要负责人应当按规定检查企业所承担的工程项目，考核项目负责人安全生产管理能力。发现项目负责人履职不到位的，应当责令其改正；必要时，调整项目负责人。检查情况应当记入企业和项目安全管理档案。

第十七条　项目负责人对本项目安全生产管理全面负责，应当建立项目安全生产管理体系，明确项目管理人员安全职责，落实安全生产管理制度，确保项目安全生产费用有效使用。

第十八条　项目负责人应当按规定实施项目安全生产管理，监控危险性较大分部分项工程，及时排查处理施工现场安全事故隐患，隐患排查处理情况应当记入项目安全管理档案；发生事故时，应当按规定及时报告并开展现场救援。

工程项目实行总承包的，总承包企业项目负责人应当定期考核分包企业安全生产管理情况。

第十九条　企业安全生产管理机构专职安全生产管理人员应当检查在建项目安全生产管理情况，重点检查项目负责人、项目专职安全生产管理人员履责情况，处理在建项目违规违章行为，并记入企业安全管理档案。

第二十条　项目专职安全生产管理人员应当每天在施工现场开展安全检查，现场监督危险性较大的分部分项工程安全专项施工方案实施。对检查中发现的安全事故隐患，应当立即处理；不能处理的，应当及时报告项目负责人和企业安全生产管理机构。项目负责人应当及时处理。检查及处理情况应当记入项目安全管理档案。

第二十一条　建筑施工企业应当建立安全生产教育培训制度，制定年度培训计划，每年对“安管人员”进行培训和考核，考核不合格的，不得上岗。培训情况应当记入企业安全生产教育培训档案。

第二十二条　建筑施工企业安全生产管理机构和工程项目应当按规定配备相应数量和相关专业的专职安全生产管理人员。危险性较大的分部分项工程施工时，应当安排专职安全生产管理人员现场监督。

第五章　法律责任

第二十七条　“安管人员”隐瞒有关情况或者提供虚假材料申请安全生产考核的，考核机关不予考核，并给予警告；“安管人员”1 年内不得再次申请考核。

“安管人员”以欺骗、贿赂等不正当手段取得安全生产考核合格证书的，由原考核机关撤销安全生产考核合格证书；“安管人员”3 年内不得再次申请考核。

第二十八条　“安管人员”涂改、倒卖、出租、出借或者以其他形式非法转让安全生产考核合格证书的，由县级以上地方人民政府住房城乡建设主管部门给予警告，并处 1000 元以上 5000 元以下的罚款。

第二十九条　建筑施工企业未按规定开展“安管人员”安全生产教育培训考核，或者未按规定如实将考核情况记入安全生产教育培训档案的，由县级以上地方人民政府住房城乡建设主管部门责令限期改正，并处 2 万元以下的罚款。

第三十条　建筑施工企业有下列行为之一的，由县级以上人民政府住房城乡建设主管部门责令限期改正；逾期未改正的，责令停业整顿，并处 2 万元以下的罚款；导致不具备《安全生产许可证条例》规定的安全生产条件的，应当依法暂扣或者吊销安全生产许可证：

（一）未按规定设立安全生产管理机构的；

（二）未按规定配备专职安全生产管理人员的；

（三）危险性较大的分部分项工程施工时未安排专职安全生产管理人员现场监督的；

（四）“安管人员”未取得安全生产考核合格证书的。

第三十一条　“安管人员”未按规定办理证书变更的，由县级以上地方人民政府住房城乡建设主管部门责令限期改正，并处 1000 元以上 5000 元以下的罚款。

第三十二条　主要负责人、项目负责人未按规定履行安全生产管理职责的，由县级以上人民政府住房城乡建设主管部门责令限期改正；逾期未改正的，责令建筑施工企业停业整顿；造成生产安全事故或者其他严重后果的，按照《生产安全事故报告和调查处理条例》的有关规定，依法暂扣或者吊销安全生产考核合格证书；构成犯罪的，依法追究刑事责任。

主要负责人、项目负责人有前款违法行为，尚不够刑事处罚的，处 2 万元以上 20 万元以下的罚款或者按照管理权限给予撤职处分；自刑罚执行完毕或者受处分之日起，5 年内不得担任建筑施工企业的主要负责人、项目负责人。

第三十三条　专职安全生产管理人员未按规定履行安全生产管理职责的，由县级以上地方人民政府住房城乡建设主管部门责令限期改正，并处 1000 元以上 5000 元以下的罚款；造成生产安全事故或者其他严重后果的，按照《生产安全事故报告和调查处理条例》的有关规定，依法暂扣或者吊销安全生产考核合格证书；构成犯罪的，依法追究刑事责任。

（二）安全生产考核合格证书的考核要求与证书管理

1. 申请安全生产考核应具备的条件

（1）申请建筑施工企业主要负责人安全生产考核，应当具备下列条件：

① 具有相应的文化程度、专业技术职称（法定代表人除外）；

② 与所在企业确立劳动关系；

③ 经所在企业年度安全生产教育培训合格。

（2）申请建筑施工企业项目负责人安全生产考核，应当具备下列条件：
① 取得相应注册执业资格；
② 与所在企业确立劳动关系；
③ 经所在企业年度安全生产教育培训合格。
（3）申请专职安全生产管理人员安全生产考核，应当具备下列条件：
① 年龄已满18周岁未满60周岁，身体健康；
② 具有中专（含高中、中技、职高）及以上文化程度或初级及以上技术职称；
③ 与所在企业确立劳动关系，从事施工管理工作两年以上；
④ 经所在企业年度安全生产教育培训合格。

2. 安全生产考核的内容与方式

安全生产考核包括安全生产知识考核和安全生产管理能力考核。

安全生产知识考核可采用书面或计算机答卷的方式；安全生产管理能力考核可采用现场实操考核或通过视频、图片等模拟现场考核方式。

3. 安全生产考核合格证书的延续

安全生产考核合格证书有效期为3年，建筑施工企业主要负责人、项目负责人和专职安全生产管理人员应当在安全生产考核合格证书有效期届满前3个月内，经所在企业向原考核机关申请证书延续。

符合下列条件的准予证书延续：
（1）在证书有效期内未因生产安全事故或者安全生产违法违规行为受到行政处罚。
（2）信用档案中无安全生产不良行为记录。
（3）企业年度安全生产教育培训合格，且在证书有效期内参加县级以上住房城乡建设主管部门组织的安全生产教育培训。

不符合证书延续条件的应当申请重新考核。不办理证书延续的，证书自动失效。

4. 安全生产考核合格证书的跨省变更

建筑施工企业主要负责人、项目负责人和专职安全生产管理人员跨省更换受聘企业的，应到原考核发证机关办理证书转出手续。原考核发证机关应为其办理包含原证书有效期限等信息的证书转出证明。

建筑施工企业主要负责人、项目负责人和专职安全生产管理人员持相关证明通过新受聘企业到该企业工商注册所在地的考核发证机关办理新证书。新证书应延续原证书的有效期。

5. 安全生产考核合格证书的暂扣和撤销

建筑施工企业专职安全生产管理人员未按规定履行安全生产管理职责，导致发生一般生产安全事故的，考核机关应当暂扣其安全生产考核合格证书六个月以上一年以下。建筑施工企业主要负责人、项目负责人和专职安全生产管理人员未按规定履行安全生产管理职责，导致发生较大及以上生产安全事故的，考核机关应当撤销其安全生产考核合格证书。

二、建筑施工特种作业人员管理

1. 特种作业人员的基本资格条件

住房城乡建设部规定，从事建筑施工特种作业的人员，应当具备下列基本条件：
（1）年满18周岁且符合相关工种规定的年龄要求。

（2）经医院体检合格且无妨碍从事相应特种作业的疾病和生理缺陷。

（3）初中及以上学历。

（4）符合相应特种作业需要的其他条件。

2. 特种作业人员考核与发证

（1）建筑施工特种作业人员必须经建设主管部门考核合格，取得建筑施工特种作业人员操作资格证书，方可上岗从事相应作业。

（2）建筑施工特种作业人员的考核发证工作，由省、自治区、直辖市人民政府建设行政主管部门或其委托的考核发证机构负责组织实施。

（3）建筑施工特种作业人员的考核内容应当包括安全技术理论和实际操作。

（4）资格证书应当采用国务院建设主管部门规定的统一样式，由考核发证机关编签发。资格证书在全国通用。

（5）资格证书有效期为 2 年。有效期满需要延期的，建筑施工特种作业人员应当满前 3 个月内向原考核发证机关申请办理延期复核手续。延期复核合格的，资格证书期延期 2 年。

3. 特种作业人员主要职责

（1）持有资格证书的人员，应当受聘于建筑施工企业或者建筑起重机械出租单位可从事相应的特种作业。

（2）建筑施工特种作业人员应当严格按照安全技术标准、规范和规程进行作业，佩戴和使用安全防护用品，并按规定对作业工具和设备进行维护保养。

（3）建筑施工特种作业人员应当参加年度安全教育培训或者继续教育，每年不得少于 24 小时。

（4）在施工中发生危及人身安全的紧急情况时，建筑施工特种作业人员有权立即作业或者撤离作业现场，并向施工现场专职安全生产管理人员和项且负责人报告。

4. 施工单位管理职责

（1）对于首次取得资格证书的人员，应当在其正式上岗前安排不少于 3 个月的实习操作。

（2）与持有效资格证书的特种作业人员订立动合同。

（3）制订并落实本单位特种作业安全操作规程和有关安全管理制度。

（4）书面告知特种作业人员违章操作的危害。

（5）向特种作业人员提供齐全、合格的安全防护用品和安全的作业条件。

（6）按规定组织特种作业人员参加年度安全教育培训或者继续教育，培训时间不少于 24 小时。

（7）建立本单位特种作业人员管理档案。

（8）查处特种作业人员违章行为并记录在档。

（9）法律法规及有关规定明确的其他职责。

第七章　安全生产保险管理

一、相关法律法规

《中华人民共和国安全生产法》规定：

第五十一条 生产经营单位必须依法参加工伤保险，为从业人员缴纳保险费。

国家鼓励生产经营单位投保安全生产责任保险；属于国家规定的高危行业、领域的生产经营单位，应当投保安全生产责任保险。具体范围和实施办法由国务院应急管理部门会同国务院财政部门、国务院保险监督管理机构和相关行业主管部门制定。

第五十二条 生产经营单位与从业人员订立的劳动合同，应当载明有关保障从业人员劳动安全、防止职业危害的事项，以及依法为从业人员办理工伤保险的事项。

生产经营单位不得以任何形式与从业人员订立协议，免除或者减轻其对从业人员因生产安全事故伤亡依法应承担的责任。

第五十六条 生产经营单位发生生产安全事故后，应当及时采取措施救治有关人员。

因生产安全事故受到损害的从业人员，除依法享有工伤保险外，依照有关民事法律尚有获得赔偿的权利的，有权提出赔偿要求。

第一百零六条 生产经营单位与从业人员订立协议，免除或者减轻其对从业人员因生产安全事故伤亡依法应承担的责任的，该协议无效；对生产经营单位的主要负责人、个人经营的投资人处二万元以上十万元以下的罚款。

《建设工程安全生产条例》规定：

第三十八条 施工单位应当为施工现场从事危险作业的人员办理意外伤害保险。

意外伤害保险费由施工单位支付。实行施工总承包的，由总承包单位支付意外伤害保险费。意外伤害保险期限自建设工程开工之日起至竣工验收合格止。

二、工伤保险

1. 工伤的认定

1）职工有下列情形之一的，应当认定为工伤

（1）在工作时间和工作场所内，因工作原因受到事故伤害的。

（2）工作时间前后在工作场所内，从事与工作有关的预备性或者收尾性工作受到事故伤害的。

（3）在工作时间和工作场所内，因履行工作职责受到暴力等意外伤害的。

（4）患职业病的。

（5）因工外出期间，由于工作原因受到伤害或者发生事故下落不明的。

（6）在上下班途中，受到非本人主要责任的交通事故或者城市轨道交通、客运轮渡、火车事故伤害的。

（7）法律、行政法规规定应当认定为工伤的其他情形。

2）职工有下列情形之一的，视同工伤

（1）在工作时间和工作岗位，突发疾病死亡或者在48小时之内经抢救无效死亡的。

（2）在抢险救灾等维护国家利益、公共利益活动中受到伤害的。

（3）职工原在军队服役，因战、因公负伤致残，已取得革命伤残军人证，到用人单位后旧伤复发的。

职工有上述“1）、2）”情形的，按照条例的有关规定享受工伤保险待遇；职工有“3）”项情形的，按照工伤保险条例的有关规定享受除一次性伤残补助金以外的工伤保险待遇。

3）职工符合前述的规定，但是有下列情形之一的，不得认定为工伤或者视同工伤

（1）故意犯罪的。

（2）醉酒或者吸毒的。

（3）自残或者自杀的。

2. 工伤的申请

根据《工伤保险条例》规定：

第十七条 职工发生事故伤害或者按照职业病防治法规定被诊断、鉴定为职业病，所在单位应当自事故伤害发生之日或者被诊断、鉴定为职业病之日起30日内，向统筹地区社会保险行政部门提出工伤认定申请。遇有特殊情况，经报社会保险行政部门同意，申请时限可以适当延长。

用人单位未按前款规定提出工伤认定申请的，工伤职工或者其近亲属、工会组织在事故伤害发生之日或者被诊断、鉴定为职业病之日起1年内，可以直接向用人单位所在地统筹地区社会保险行政部门提出工伤认定申请。

按照本条第一款规定应当由省级社会保险行政部门进行工伤认定的事项，根据属地原则由用人单位所在地的设区的市级社会保险行政部门办理。

用人单位未在本条第一款规定的时限内提交工伤认定申请，在此期间发生符合本条例规定的工伤待遇等有关费用由该用人单位负担。

第十八条 提出工伤认定申请应当提交下列材料：

（一）工伤认定申请表；

（二）与用人单位存在劳动关系（包括事实劳动关系）的证明材料；

（三）医疗诊断证明或者职业病诊断证明书（或者职业病诊断鉴定书）。

工伤认定申请表应当包括事故发生的时间、地点、原因以及职工伤害程度等基本情况。

工伤认定申请人提供材料不完整的，社会保险行政部门应当一次性书面告知工伤认定申请人需要补正的全部材料，申请人按照书面告知要求补正材后，社会保险行政部门应当受理。

三、意外伤害保险

1. 建筑意外伤害保险的范围

建筑施工企业应当为施工现场从事施工作业和管理的人员，在施工活动过程中发生的人身意外伤亡事故提供保障，办理建筑意外伤害保险、支付保险费。范围应当覆盖工程项目。已在企业所在地参加工伤保险的人员，从事现场施工时仍可参加建筑意外伤害保险。

各地建设行政主管部门可根据本地区实际情况，规定建筑意外伤害保险的附加险要求。

2. 建筑意外伤害保险的保险期眼

保险期限应涵盖工程项目开工之日到工程竣工验收合格日，提前竣工的，保险责任自行终止。因延长工期的，应当办理保险顺延手续。

3. 建筑意外伤害保险的保险金额

各地建设行政主管部门要结合本地区实际情况，确定合理的最低保险金额。最低保险金额要能够保障施工伤亡人员得到有效的经济补偿。施工企业办理建筑意外伤害保险时，投保的保险金额不得低于此标准。

4. 建筑意外伤害保险的保险费

保险费应当列入建筑安装工程费用。保险费由施工企业支付，施工企业不得向职工摊派。

施工企业和保险公司双方应本着平等协商的原则，根据各类风险因素商定建筑意外伤害保险费率，提倡差别费率和浮动费率。差别费率可与工程规模、类型、工程项目风险程度和施工现场环境等因素挂钩。浮动费率可与施工企业安全生产业绩、安全生产管理状况等因素挂钩。对重视安全生产管理、安全业绩好的企业可采用下浮费率；对安全生产业绩差、安全管理不善的企业可采用上浮费率。通过浮动费率机制，激励投保企业安全生产的积极性。

5. 关于建筑意外伤害保险的投保

施工企业应在工程项目开工前，办理完投保手续。鉴于工程建设项目施工工艺流程中各工种调动频繁、用工流动性大，投保应实行不记名和不计人数的方式。工程项目中有分包单位的由总承包施工企业统一办理，分包单位合理承担投保费用。业主直接发包的工程项目由承包企业直接办理。

第八章　绿色文明施工

一、绿色施工

（一）绿色施工管理

绿色施工管理主要包括组织管理、规划管理、实施管理、评价管理和从业人员安全与健康管理五个方面。

1. 组织管理

（1）建立绿色施工管理体系，并制订相应的管理制度与目标。

（2）项目经理为绿色施工第一责任人，负责绿色施工的组织实施及目标实现，并指定绿色施工管理人员和监督人员。

2. 规划管理

（1）编制绿色施工方案。该方案应在施工组织设计中独立成章，并按有关规定进行审批。

（2）绿色施工方案应包括以下内容：

① 环境保护措施，制订环境管理计划及应急救援预案，采取有效措施，降低环境负荷，保护地下设施和文物等资源。

② 节材措施，在保证工程安全与质量的前提下，制订节材措施。如进行施工方案的节材优化，建筑垃圾减量化，尽量利用可循环材料等。

③ 节水措施，根据工程所在地的水资源状况，制订节水措施。

④ 照明器具宜选用节能型器具，照度不应超过最低照度的20%。

⑤ 节地与施工用地保护措施，制订临时用地指标、施工总平面布置规划及临时用地节地措施等。

3. 实施管理

（1）绿色施工应对整个施工过程实施动态管理，加强对施工策划、施工准备、材料采购、现场施工、工程验收等各阶段的管理和监督。

（2）应结合工程项目的特点，有针对性地对绿色施工作相应的宣传，通过宣传营造绿色施工的氛围。

（3）定期对职工进行绿色施工知识培训，增强职工绿色施工意识。

4. 评价管理

（1）对照本导则的指标体系，结合工程特点，对绿色施工的效果及采用的新技术、新设备、新材料与新工艺进行自评估。

（2）成立专家评估小组，对绿色施工方案、实施过程至项目竣工进行综合评估。

5. 从业人员安全与健康管理

（1）制订施工防尘、防毒、防辐射等职业危害的措施，保障施工人员的长期职业健康。

（2）合理布置施工场地，保护生活及办公区不受施工活动的有害影响。施工现场建立卫生急救、保健防疫制度，在安全事故和疾病疫情出现时提供及时救助。

（3）提供卫生、健康的工作与生活环境，加强对施工人员的住宿、膳食、饮用水等生活与环境卫生等管理，明显改善施工人员的生活条件。

（二）绿色施工的资源节约利用

1. 节约用地

（1）建设工程施工总平面规划布置应优化土地利用，减少土地资源的占用。

（2）土方开挖施工应采取先进的技术措施，减少土方开挖量，最大限度地减少对土地的扰动，保护周边自然生态环境。

（3）红线外临时占地应尽量使用荒地、废地，少占用农田和耕地。工程完工后，及时对红线外占地恢复原地形、地貌，使施工活动对周边环境的影响降至最低。

（4）利用和保护施工用地范围内原有绿色植被。对于施工周期较长的现场，可按建筑永久绿化的要求，安排场地新建绿化。

2. 节约能源

（1）施工现场应制订节能措施，提高能源利用率，对能源消耗量大的工艺必须制订专项降耗措施。

（2）临时设施的设计、布置与使用，应采取有效的节能降耗措施，并符合下列规定：

① 利用场地自然条件，合理设计办公及生活临时设施的体形、朝向、间距和窗墙面积比，冬季利用日照并避开主导风向，夏季利用自然通风。

② 临时设施宜选用由高效保温隔热材料制成的复合墙体和屋面，以及密封保温隔热性能好的门窗。

③ 规定合理的温度、湿度标准和使用时间，提高空调和采暖装置的运行效率。

④ 照明器具宜选用节能型器具。照度不应超过最低照度的20%。

⑤ 临时用电优先选用节能电线和节能灯具，临电线路合理设计、布置，临电设备宜采用自动控制装置。采用声控、光控等节能照明灯具。

（3）在施工组织设计中，合理安排施工顺序、工作面，以减少作业区域的机具数量，相邻作业区充分利用共有的机具资源。安排施工工艺时，应优先考虑耗用电能的或其他能耗较少的施工工艺。避免设备额定功率远大于使用功率或超负荷使用设备的现象。

（4）根据当地气候和自然资源条件，充分利用太阳能、地热能等可再生能源。

（5）施工现场机械设备管理应满足下列要求：

① 施工机械设备应建立按时保养、保修、检验制度。

② 施工机械宜选用高效节能电动机。选择功率与负载相匹配的施工机械设备，避免大功率施工机械设备低负载长时间运行。机电安装可采用节电型机械设备，如逆变式电焊机和能耗低、效率高的手持电动工具等，以利节电。机械设备宜使用节能型油料添加剂，在可能的情况下，考虑回收利用，节约油量。

③ 当220V/380V单相用电设备接入220V/380V三相系统时，宜使用装置。

④ 合理安排工序，提高各种机械的使用率和满载率。

（6）建设工程施工应实行用电计量管理，严格控制施工阶段用电量。

（7）施工现场宜充分利用太阳能。

（8）建筑施工使用的材料宜就地取材。

3. 节水

（1）建设工程施工应实行用水计量管理，严格控制施工阶段用水量。

（2）施工现场生产、生活用水必须使用节水型生活用水器具，在水源处应设置明显的节约用水标识。

（3）建设工程施工应采取地下水资源保护措施，新开工的工程限制进行施工降水。因特殊情况需要进行降水的工程，必须组织专家论证审查。

（4）施工现场应充分利用雨水资源，保持水体循环，有条件的宜收集屋顶、地面雨水再利用。

（5）施工现场应设置废水回收设施，对废水进行回收后循环利用。

（6）非传统水源利用：

① 优先采用中水搅拌、中水养护，有条件的地区和工程应收集雨水养护。

② 处于基坑降水阶段的工地，宜优先采用地下水作为混凝土搅拌用水、养护用水、冲洗用水和部分生活用水。

③ 现场机具、设备、车辆冲洗、喷洒路面、绿化浇灌等用水，优先采用非传统水源，尽量不使用市政自来水。

④ 大型施工现场，尤其是雨量充沛地区的大型施工现场建立雨水收集利用系统，充分收集自然降水用于施工和生活中适宜的部位。

⑤ 力争施工中非传统水源和循环水的再利用量大于30%。

⑥ 在非传统水源和现场循环再利用水的使用过程中，应制订有效的水质检测与卫生保障措施，确保避免对人体健康、工程质量以及周围环境产生不良影响。

4. 节约材料

（1）优化施工方案，选用绿色材料，积极推广新材料、新工艺，促进材料的合理使用，节省实际施工材料消耗量。

（2）根据施工进度、材料周转时间、库存情况等制订采购计划，并合理确定采购数量，避免采购过多，造成积压或浪费。

（3）对周转材料进行保养维护，维护其质量状态，延长其使用寿命。按照材料存放要求进行材料装卸和临时保管，避免因现场存放条件不合理而导致浪费。

（4）依照施工预算，实行限额领料，严格控制材料的消耗。

（5）施工现场应建立可回收再利用物资清单，制订并实施可回收废料的回收管理办法，提高废料利用率。

（6）根据场地建设现状调查，对现有的建筑、设施再利用的可能性和经济性进行分析，合理安排工期。利用拟建道路和建筑物，提高资源再利用率。

（7）建设工程施工所需临时设施（办公及生活用房、给排水、照明、消防管道及消防设备）应采用可拆卸可循环使用材料，并在相关专项方案中列出回收再利用措施。

（8）结构材料

① 推广使用预拌混凝土和商品砂浆。准确计算采购数量、供应频率、施工速度等，在施工过程中动态控制。结构工程使用散装水泥。

② 推广使用高强钢筋和高性能混凝土，减少资源消耗。

③ 推广钢筋专业化加工和配送。

④ 优化钢筋配料和钢构件下料方案。钢筋及钢结构制作前应对下料单及样品进行复核，无误后方可批量下料。

⑤ 优化钢结构制作和安装方法。大型钢结构宜采用工厂制作，现场拼装；宜采用分段吊装、整体提升、滑移、顶升等安装方法，减少方案的措施用材量。

⑥ 采取数字化技术，对大体积混凝土、大跨度结构等专项施工方案进行优化。

（9）围护材料

① 门窗、屋面、外墙等围护结构选用耐候性及耐久性良好的材料，施工确保密封性、防水性和保温隔热性。

② 门窗采用密封性、保温隔热性能、隔声性能良好的型材和玻璃等材料。

③ 屋面材料、外墙材料具有良好的防水性能和保温隔热性能。

④ 当屋面或墙体等部位采用基层加设保温隔热系统的方式施工时，应选择高效节能、耐久性好的保温隔热材料，以减小保温隔热层的厚度及材料用量。

⑤ 屋面或墙体等部位的保温隔热系统采用专用的配套材料，以加强各层次之间的黏结或连接强度，确保系统的安全性和耐久性。

⑥ 根据建筑物的实际特点，优选屋面或外墙的保温隔热材料系统和施工方式，例如保温板粘贴、保温板干挂、聚氨酯硬泡喷涂、保温浆料涂抹等，以保证保温隔热效果，并减少材料浪费。

⑦ 加强保温隔热系统与围护结构的节点处理，尽量降低热桥效应。针对建筑物的不同部位保温隔热特点，选用不同的保温隔热材料及系统，以做到经济适用。

（10）装饰装修材料

① 贴面类材料在施工前，应进行总体排版策划，减少非整块材的数量。

② 采用非木质的新材料或人造板材代替木质板材。

③ 防水卷材、壁纸、油漆及各类涂料基层必须符合要求，避免起皮、脱落。各类油漆及黏结剂应随用随开启，不用时及时封闭。

④ 幕墙及各类预留预埋应与结构施工同步。

⑤ 木制品及木装饰用料、玻璃等各类板材等宜在工厂采购或定制。

⑥ 采用自粘类片材，减少现场液态黏结剂的使用量。

（11）周转材料

① 应选用耐用、维护与拆卸方便的周转材料和机具。

② 优先选用制作、安装、拆除一体化的专业队伍进行模板工程施工。

③ 模板应以节约自然资源为原则，推广使用定型钢模、钢框竹模、竹胶板。

④ 施工前应对模板工程的方案进行优化。多层、高层建筑使用可重复利用的模板体系，模板支撑宜采用工具式支撑。

⑤ 优化高层建筑的外脚手架方案，采用整体提升、分段悬挑等方案。

⑥ 推广采用外墙保温板替代混凝土施工模板的技术。

⑦ 现场办公和生活用房采用周转式活动房。现场围挡应最大限度地利用已有围墙，或采用装配式可重复使用围挡封闭。力争工地临房、临时围挡材料的可重复使用率达到70%。

（三）发展绿色施工的新技术、新设备、新材料与新工艺

（1）施工方案应建立推广、限制、淘汰公布制度和管理办法。发展适合绿色施工的资源利用与环境保护技术，对落后的施工方案进行限制或淘汰，鼓励绿色施工技术的发展，推动绿色施工技术的创新。

（2）大力发展现场监测技术、低噪声的施工技术、现场环境参数检测技术、自密实混凝土施工技术、清水混凝土施工技术、建筑固体废弃物再生产品在墙体材料中的应用技术新型模板及脚手架技术的研究与应用。

（3）加强信息技术应用，如绿色施工的虚拟现实技术、三维建筑模型的工程量自动统计、绿色施工组织设计数据库建立与应用系统、数字化工地、基于电子商务的建筑工程材料、设备与物流管理系统等。通过应用信息技术，进行精密规划、设计、精心建造和优化合成，实现与提高绿色施工的各项指标。

（四）污染防治措施

1. 大气污染防治

（1）施工现场的主要道路要进行硬化处理。裸露的场地和堆放的土方应采取覆盖、固化或绿化等措施，如图3-8-1、图3-8-2所示。

图3-8-1　裸露场地覆盖措施示例

图3-8-2　堆放土方覆盖措施示例

（2）施工现场土方作业应采取防止扬尘措施，主要道路应定期清扫、洒水。

（3）拆除建筑物或者构筑物时，应采用隔离、洒水等降噪、降尘措施，并及时清理废弃物。

（4）土方和建筑垃圾的运输必须采用封闭式运输车辆或采取覆盖措施。施工现场出口处应设置车辆冲洗设施，并应对驶出的车辆进行清洗。

（5）建筑物内垃圾应采用容器或搭设专用封闭式垃圾道的方式清运，严禁凌空抛掷。

(6) 施工现场严禁焚烧各类废弃物。

(7) 在规定区域内的施工现场应使用预拌制混凝土及预拌砂浆。采用现场搅拌混凝土或砂浆的场所应采取封闭、降尘、降噪措施。水泥和其他易飞扬的细颗粒建筑材料应密闭存放或采取覆盖等措施。

(8) 当市政道路施工进行铣刨、切割等作业时，应采取有效的防扬尘措施。灰土和无机料应采用预拌进场的方式，碾压过程中应洒水降尘。

(9) 城镇、旅游景点、重点文物保护区及人口密集区的施工现场应使用清洁能源。

(10) 施工现场的机械设备、车辆的尾气排放应符合国家环保排放标准。

(11) 当环境空气质量指数达到中度污染及以上（AQI 大于 151）时，施工现场应增加洒水频次，加强覆盖措施，减少宜造成大气污染的施工作业。

2. 水土污染防治

(1) 施工现场应设置排水管及沉淀池，施工污水应经沉淀处理达到排放标准后，方可排入市政污水管网。

(2) 废弃的降水井应及时回填，并应封闭井口，防止污染地下水。

(3) 施工现场临时厕所的化粪池应进行防渗漏处理。

(4) 施工现场存放的油料和化学溶剂等物品应设置专用库房，地面应进行防渗漏处理。

(5) 施工现场的危险废物应按国家有关规定处理，严禁填满。

3. 施工噪声及光污染防治

(1) 施工现场场界噪声排放应符合现行国家标准《建筑施工场界环境噪声排放标准》（GB 12523）的规定。施工现场应对场界噪声排放进行监测、记录和控制，并应采取降低噪声的措施，如图 3-8-3 所示。

图 3-8-3　环境监测显示屏示例

(2) 施工现场宜选用低噪声、低振动的设备，强噪声设备宜设置在远离居民区的一侧，并应采用隔声、吸声材料搭设的防护棚或屏障。

(3) 进入施工现场的车辆禁止鸣笛；装卸材料时应轻拿轻放。

(4) 因生产工艺要求或其他特殊要求，确需进行夜间施工的，施工单位因加强噪声控制，并减少人为噪声。

（5）施工现场应对强光作业和照明灯具采取遮挡措施，减少对周边居民和环境的影响。

二、临时设施设置与管理

1. 工地围挡

（1）市区主要路段的工地应设置高度不小于2.5m的封闭围挡，如图3-8-4（a）、（b）所示。

（2）一般路段的工地应设置高度不小于1.8m的封闭围挡，如图3-8-4（b）所示。

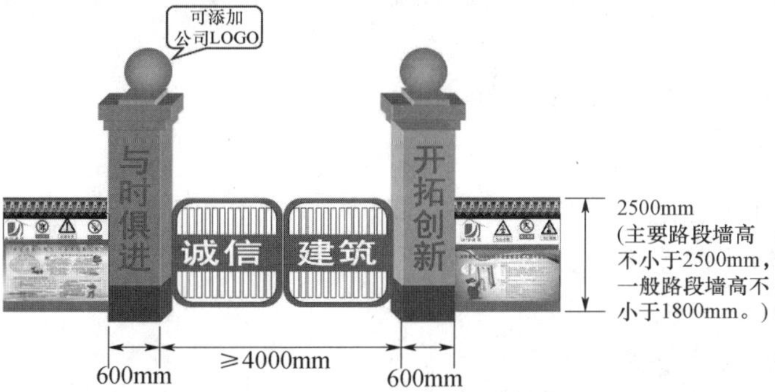

（a）工地围档设计示意图

（b）工地围档案例

图3-8-4　工地围挡示意

（3）围挡应坚固、稳定、整洁、美观，如图3-8-5所示。

2. 封闭管理

（1）施工现场应设置实名制通道，如图3-8-6所示。

图3-8-5　工地围挡美化示例

图3-8-6　实名制通道示例

（2）应建立门卫值守管理制度，并应配备门卫值守人员。

（3）施工人员进入施工现场应佩戴工作卡。

（4）施工现场出入口应标有企业名称或标志，并应设置车辆冲洗设备，如图3-8-7（a）、图3-8-7（b）所示。

(a) 智能化洗轮机　　　　(b) 喷淋式冲洗设备

图 3-8-7　车辆冲洗设备示例

3. 施工场地

（1）施工现场的主要道路及材料加工区地面应进行硬化处理。

（2）施工现场道路应畅通，路面应平整坚实，如图 3-8-8 所示。

（3）施工现场应有防止扬尘措施。

（4）施工现场应设置排水设施，且排水通畅无积水。

（5）施工现场应有防止泥浆、污水、废水污染环境等措施。

（6）生活区、办公区的通道、楼梯处应设置应急疏散、逃生指示标志和应急照明灯。宿舍内宜设置烟感报警装置。

（7）施工现场应设置封闭式建筑垃圾站。办公区和生活区应设置封闭式垃圾容器。生活垃圾应分类存放，并应及时清运、消纳，如图 3-8-9 所示。

图 3-8-8　施工现场道路硬化示例

图 3-8-9　施工现场生活垃圾站示例

（8）施工现场应配备常用药及绷带、止血带、担架等急救器材。

（9）生活区及施工区应设置开水炉电热水器或保温水桶，开水炉、电热水器、保温水桶应上锁由专人负责管理，如图 3-8-10（a）、图 3-8-10（b）所示。

（10）施工现场应设置专门的吸烟处，严禁随意吸烟，如图 3-8-11 所示。

（11）温暖季节应有绿化布置，如图 3-8-12 所示。

4. 材料管理

（1）建筑材料、构件、料具应按总平面布局进行码放。

(a) 饮品供应区　　　　(b) 净化饮水机

图 3-8-10　施工现场热水供应区示例

图 3-8-11　施工现场休息区示例

图 3-8-12　施工现场绿化区示例

（2）材料应码放整齐，并应标明名称、规格等。

（3）施工现场材料码放应采取防火、防锈蚀、防雨等措施。

（4）建筑物内施工垃圾的清运，应采用器具或管道运输，严禁随意抛掷，如图 3-8-13（a）、图 3-8-13（b）所示。

（5）易燃易爆物品应分类储藏在专用库房内，并应制订防火措施。

5. 现场防火

（1）施工现场应建立消防安全管理制度、制订消防措施。

（2）施工现场临时用房和作业场所的防火设计应符合规范要求。

（3）施工现场应设置消防通道、消防水源，并应符合规范要求。

（4）施工现场灭火器材应保证可靠有效，布局配置应符合规范要求，如图 3-8-14 所示。

（5）明火作业应履行动火审批手续，配备动火监护人员。

6. 宿舍

（1）宿舍内应保证必要的生活空间，室内净高不得小于 2.5m，通道宽度不得小于 0.9m，宿舍人员人均面积不得小于 2.5m^2，每间宿舍居住人员不得超过 16 人。宿舍应有专

(a) (b)

图 3-8-13　施工垃圾处理示例

图 3-8-14　施工现场灭火器材配置示例

人负责管理，床头宜设置姓名卡。

（2）施工现场生活区宿舍、休息室必须设置可开启式外窗，床铺不得超过 2 层，不得使用通铺。

（3）使用炉火取暖时应采取防止一氧化碳中毒的措施。彩钢板活动房严禁使用炉火或明火取暖。

（4）宿舍内应有防暑降温措施。宿舍应设生活用品专柜、鞋柜或鞋架、垃圾桶等生活设施。生活区应提供晾晒衣物的场所和晾衣架，如图 3-8-15 所示。

（5）宿舍照明电源宜选用安全电压，采用强电照明的宜使用限流器。生活区宜单独设置手机充电柜或充电房间，如图 3-8-16（a）、图 3-8-16（b）所示。

7. 食堂

（1）食堂应设置在远离厕所、垃圾站、有毒有害场所等有污染源的地方。

（2）食堂应设置隔油池，并应定期清理。

图 3-8-15 施工现场生活区示例

(a)

(b)

图 3-8-16 施工现场手机充电设施示例

(3) 食堂应设置独立的制作间、储藏间，门扇下方应设不低于 0.2m 的防鼠挡板。制作间灶台及周边应采取宜清洁、耐擦洗措施，墙面处理高度大于 1.5m，地面应做硬化和防滑处理，并保持墙面、地面整洁。

(4) 食堂应配备必要的排风和冷藏设施，宜设置通风天窗和油烟净化装置，油烟净化装置应定期清理。

(5) 食堂宜使用电炊具。使用燃气的食堂，燃气罐应单独设置存放间并应加装燃气报警装置，存放间应通风良好并严禁存放其他物品。供气单位资质应齐全，气源应有可追溯性。

(6) 食堂制作间的炊具宜存放在封闭的橱柜内，刀、盆、案板等炊具应生熟分开。

(7) 食堂制作间、锅炉房、可燃材料库房及易燃易爆危险品库房等应采用单层建筑，应与宿舍和办公用房分别设置，并应按相关规定保持安全距离。临时用房内设置的食堂、库房和会议室应设在首层。

8. 厕所

(1) 施工现场应设置水冲式或移动式厕所，厕所地面应硬化，门窗应齐全并通风良好。侧位宜设置门及隔板，高度不应小于 0.9m。如图 3-8-17 (a)、图 3-8-17 (b) 所示。

(a) 移动厕所（一）　　(b) 移动厕所（二）

图 3-8-17　施工现场移动式厕所示例

（2）厕所面积应根据施工人员数量设置。厕所应设专人负责，定期清扫、消毒，化粪池应及时清掏。高层建筑施工超过 8 层时，宜每隔 4 层设置临时厕所。

9. 沐浴间与盥洗设施

（1）淋浴间内应设置满足需要的淋浴喷头，并应设置储衣柜或挂衣架。

（2）施工现场应设置满足施工人员使用的盥洗设施。盥洗设施的下水管口应设置过滤网，并应与市政污水管线连接，排水应畅通。

10. 卫生防疫

（1）办公区和生活区应设专职或兼职保洁员，并应采取灭鼠、灭蚊蝇、灭蟑螂等措施。

（2）食堂应取得相关部门颁发的许可证，并应悬挂在制作间醒目位置。炊事人员必须经体检合格并持证上岗。

（3）炊事人员上岗应穿戴整洁的工作服、工作帽和口罩，并应保持个人卫生。非炊事人员不得随意进入食堂制作间。

（4）食堂的炊具、餐具和公共饮水器具应及时清洗定期消毒。

（5）施工现场应加强食品、原料的进货管理，建立食品、原料采购台账，保存原始采购单据。严禁购买无照、无证商贩的食品和原料。食堂应按许可范围经营，严禁制售易导致食物中毒食品和变质食品。

（6）生熟食品应分开加工和保管，存放成品或半成品的器皿应有耐擦洗的生熟标志。成品或半成品应遮盖，遮盖物品应有正反面标志。各种佐料和副食应存放在密闭器皿内，并应有标志。

（7）存放食品原料的储藏间或库房应有通风、防潮、防虫、防鼠等措施，库房不得兼作他用。粮食存放台距墙和地面应大于 0. 2m。

（8）当事故现场遇突发疫情时，应及时上报，并应按卫生防疫部门的相关规定进行处理。

第九章　劳动保护用品管理与职业病防治

一、相关法律法规

《中华人民共和国安全生产法》规定：

第四十五条 生产经营单位必须为从业人员提供符合国家标准或者行业标准的劳动防护用品，并监督、教育从业人员按照使用规则佩戴、使用。

第四十七条 生产经营单位应当安排用于配备劳动防护用品、进行安全生产培训的经费。

二、安全网、安全帽、安全带安全使用

1. 安全网安全使用

（1）应符合现行国家标准《安全网》（GB 5725）的规定。

（2）网内不得存留建筑垃圾，网下不能堆积物品，两身不能出现严重变形和磨损，防止受化学品与酸、碱烟雾的污染及电焊火花的烧灼等。

（3）支撑架不得出现严重变形或磨损，其连接部位不得有松脱现象。网与网之间及网与支撑架之间的连接点亦不允许出现松脱。所有绑拉的绳都不能使其受严重的磨损或有变形。

（4）网内的坠落物要经常清理，保持网体洁净。还要避免大量焊接或其他火星落入网内，并避免高温或蒸气环境。当网体受到化学品的污染或网绳嵌入粗砂粒或其他可能引起磨损的异物时，即须进行清洗，洗后使其自然干燥。

（5）安全网在搬运中不可使用铁钩或带尖刺的工具，以防损伤网绳。网体要存放在仓库或专用场所，并将其分类、分批存放在架子上，不允许随意乱堆。对仓库要求具备通风、遮光、隔热、防潮、避免化学物品的侵蚀等条件。在存放过程中，亦要求对网体作定期检验，发现问题，立即处理，以确保安全。

2. 安全帽安全使用

（1）应符合现行国家标准《安全帽》（GB 2811）的规定。

（2）凡进入施工现场的所有人员，都必须佩戴安全帽。作业中不得将安全帽脱下、搁置一旁或当坐垫使用。

（3）国家标准中规定佩戴安全帽的高度，为帽箍底边至人头顶端（以试验时木质人头模型作代表）的垂直距离为 80～90mm。国家标准对安全帽最主要的要求是能够承受 5000N 的冲击力。

（4）要正确使用安全帽，要扣好帽带，调整好帽衬间距（一般为 40～50mm），勿使轻易松脱或颠动摇晃。缺衬缺带或破损的安全帽不准使用。

3. 安全带安全使用

（1）使用时要高挂低用，防止摆动碰撞，绳子不能打结，钩子要挂在连接环上。当发现有异常时要立即更换，换新绳时要加绳套。使用 3m 以上的长绳要加缓冲器。

（2）在攀登和悬空等作业中，必须佩戴安全带并有牢靠的挂钩设施，严禁只在腰间佩戴安全带，而不在固定的设施上拴挂钩环。

（3）安全带不使用时要妥善保管，不可接触高温、明火、强酸、强碱或尖锐物体。使用频繁的绳要经常做外观检查；使用两年后要做抽检，抽验过的样带要更换新绳。

三、劳动防护用品的配备

（1）架子工、起重吊装工、信号指挥工的劳动防护用品配备应符合下列规定：

① 架子工、塔式起重机操作人员、起重吊装工应配备灵便紧口的工作服、系带防滑鞋

和工作手套。

② 信号指挥工应配备专用标志服装，在自然强光环境条件作业时，应配备有色防护眼镜。

(2) 电工的劳动防护用品配备应符合下列规定：

① 维修电工应配备绝缘鞋、绝缘手套和灵便紧口的工作服。

② 安装电工应配备手套和防护眼镜。

③ 高压电气作业时，应配备相应等级的绝缘鞋、绝缘手套和有色防护眼镜。

(3) 电焊工、气割工的劳动防护用品配备应符合下列规定：

① 电焊工、气割工应配备阻燃防护服、绝缘鞋、鞋盖、电焊手套和焊接防护面罩。在高处作业时，应配备安全帽与面罩连接式焊接防护面罩和阻燃安全带。

② 从事清除焊渣作业时，应配备防护眼镜。

③ 从事磨削钨极作业时，应配备手套、防尘口罩和防护眼镜。

④ 从事酸碱等腐蚀性作业时，应配备防腐蚀性工作服、耐酸碱胶鞋、戴耐酸碱手套、防护口罩和防护眼镜。

⑤ 在密闭环境或通风不良的情况下，应配备送风式防护面罩。

(4) 锅炉、压力容器及管道安装工的劳动防护用品配备应符合下列规定：

① 锅炉及压力容器安装工、管道安装工应配备紧口工作服和保护足趾安全鞋，在强光环境条件作业时，应配备有色防护眼镜。

② 在地下或潮湿场所，应配备紧口工作服、绝缘鞋和绝缘手套。

(5) 油漆工在从事涂刷、喷漆作业时，应配备防静电工作服、防静电鞋、防静电手套、防毒口罩和防护眼镜；从事砂纸打磨作业时，应配备防尘口罩和密闭式防护眼镜。

(6) 普通工从事淋灰、筛灰作业时，应配备高腰工作鞋、鞋盖、手套和防尘口罩，宜配备防护眼镜；从事抬、扛物料作业时，应配备垫肩；从事人工挖扩桩孔孔井下作业时，应配备雨靴、手套和安全绳；从事拆除工程作业时，应配备保护足趾安全鞋、手套。

(7) 混凝土工应配备工作服、系带高腰防滑鞋、鞋盖、防尘口罩和手套，宜配备防护眼镜；从事混凝土浇筑作业时，应配备胶鞋和手套；从事混凝土振捣作业时，应配备绝缘胶靴、绝缘手套。

(8) 瓦工、砌筑工应配备保护足趾安全鞋、胶面手套和普通工作服。

(9) 抹灰工应配备高腰布面胶底防滑鞋和手套，宜配备防护眼镜。

(10) 磨石工应配备紧口工作服、绝缘胶靴、绝缘手套和防尘口罩。

(11) 石工应配备紧口工作服、保护足趾安全鞋、手套和防尘口罩，宜配备防护眼镜。

(12) 木工从事机械作业时，应配备紧口工作服、防噪声耳罩和防尘口罩，宜配备防护眼镜。

(13) 钢筋工应配备紧口工作服、保护足趾安全鞋和手套；从事钢筋除锈作业时，应配备防尘口罩，宜配备防护眼镜。

(14) 防水工的劳动防护用品配备应符合下列规定：

① 从事涂刷作业时，应配备防静电工作服、防静电鞋和鞋盖、防护手套、防毒口罩和防护眼镜。

② 从事沥青熔化、运送作业时，应配备防烫工作服、高腰布面胶底防滑鞋和鞋盖、工作帽、耐高温长手套，防毒口罩和防护眼镜。

（15）玻璃工应配备工作服和防切割手套；从事打磨玻璃作业时，应配备防尘口罩，宜配备防护眼镜。

（16）司炉工应配备耐高温工作服、保护足趾安全鞋、工作帽、防护手套和防尘口罩，宜配备防护眼镜；从事添加燃料作业时，应配备有色防冲击眼镜。

（17）钳工、铆工、通风工的劳动防护用品配备应符合下列规定：

① 从事使用锉刀、刮刀、錾子、扁铲等工具作业时，应配备紧口工作服和防护眼镜。

② 从事剔凿作业时，应配备手套和防护眼镜；从事搬抬作业时，应配备保护足趾安全鞋和手套。

③ 从事石棉、玻璃棉等含尘毒材料作业时，操作人员应配备防异物工作服、防尘口罩、风帽、风镜和薄膜手套。

（18）筑炉工从事磨砖、切砖作业时，应配备紧口工作服、保护足趾安全鞋、手套和防尘口罩，宜配备防护眼镜。

（19）电梯安装工、起重机械安装拆卸工从事安装、拆卸和维修作业时，应配备紧口工作服、保护足趾安全鞋和手套。

（20）其他人员的劳动防护用品配备应符合下列规定：

① 从事电钻、砂轮等手持电动工具作业时，应配备绝缘鞋、绝缘手套和防护眼镜。

② 从事蛙式夯实机、振动冲击夯作业时，应配备具有绝缘功能的保护足趾安全鞋、绝缘手套和防噪声耳塞（耳罩）。

③ 从事可能飞溅渣屑的机械设备作业时，应配备防护眼镜。

④ 从事地下管道检修作业时，应配备防毒面罩、防滑鞋（靴）和工作手套。

四、劳动防护用品使用及管理制度

（一）劳动保护用品的采购与报废

1. 采购

建筑施工企业应选定劳动防护用品的合格供货方，为作业人员配备的劳动防护用品必须符合国家有关标准，应具备生产许可证、产品合格证等相关资料。经本单位安全生产管理部门审查合格后方可使用。

建筑施工企业不得采购和使用无厂家名称、无产品合格证、无安全标志的劳动防护用品。

2. 报废

劳动防护用品的使用年限应按国家现行相关标准执行。劳动防护用品达到使用年限或报废标准的应由建筑施工企业统一收回报废，并应为作业人员配备新的劳动防护用品。劳动防护用品有定期检测要求的应按照其产品的检测周期进行检测。

（二）劳动保护用品使用管理制度

（1）建筑施工企业应建立健全劳动防护用品购买、验收、保管、发放、使用、更换、报废管理制度，在劳动防护用品使用前，应对其防护功能进行必要的检查。

（2）建筑施工企业应教育从业人员按照劳动防护用品使用规定和防护要求，正确使用劳动防护用品。

（3）建设单位应保证施工企业安全措施实施的费用。并应督促施工企业使用合格的劳动防护用品。

（4）建筑施工企业应对危险性较大的施工作业场所及具有尘毒危害的作业环境设置安全警示标志和应使用的安全防护用品标志牌。

五、建筑施工企业职业病防治措施

（一）防尘技术措施

1. 一般防尘措施

（1）采用不产生或少产生粉尘的施工工艺、施工设备和工具，淘汰粉尘危害严重的施工工艺、施工设备和工具。

（2）采用机械化、自动化或密闭隔离操作，例如将挖土机、推土机、刮土机、铺路机、压路机等施工机械的驾驶室或操作室密闭隔离。

（3）劳动者作业时应在上风向操作。

（4）建筑物拆除和翻修作业时，在接触石棉的施工区域应设置警示标志，禁止无关人员进入。

（5）对施工现场裸露的道路应进行硬化处理，成立现场清洁队每天对施工道路进行清扫和洒水。

（6）原材料在贮存与运输过程中应有可靠的防水、防雨雪、防散漏措施。

（7）大量的粉状辅料宜采用密闭性较好的集装箱（袋）或料罐车运输。袋装粉料的包装应具有良好的密闭性和强度。

（8）根据粉尘的种类和浓度，按照国家现行标准《呼吸防护用品的选择、使用与维护》（GB/T 18664）的要求为劳动者配备符合要求的呼吸防护用品，并定期更换。

2. 专项防尘措施

（1）凿岩作业

① 凿岩作业应正确选择和使用凿岩机械，配备除尘装置，采取湿式作业法。

② 在缺水或供水困难地区进行凿岩作业时，应设置捕尘装置，保证工作地点粉尘浓度符合现行国家标准《工作场所有害因素职业接触限值 第1部分：化学有害因素》（GBZ 2.1）的要求。

③ 对于任何挖方工程、竖井、土方工程、地下工程或隧道均须采取通风措施，保证所有工作场所有足够的通风，粉尘浓度不得超出现行国家标准 GBZ 2.1 的规定。

（2）现场拆迁

① 拆迁现场应设置渣土存放场，并按批准的线路和时间将垃圾渣土运出拆迁现场，运至指定的消纳处理场。

② 拆迁现场的垃圾渣土应当有专人负责管理，配置洒水设备定期洒水清扫。

③ 拆迁现场的道路应采用混凝土进行硬化。

④ 应在拆迁现场的施工运输出口设置车轮清洗设备及相应的排水沉淀设施。

⑤ 运输垃圾渣土的施工运输车辆驶出施工现场时，装载的垃圾渣土高度不应超过车辆槽帮上沿，并用毡布遮盖，车轮应清干净。

（3）现场搅拌站

① 为防止地面起尘，搅拌站区域内的地面应硬化处理。

② 搅拌宜采用全封闭式，若无法完全封闭，则应设置在半封闭的机房内，搅拌机上料

上部应设置喷淋设施。

③ 散装水泥应在密闭的水泥罐中贮存，散装水泥在注入水泥罐过程中，应有防尘措施。现场使用袋装水泥时，应设置封闭的水泥仓库，并将破损水泥袋撒落的水泥装袋先用。

④ 砂、石材料堆放场地应设围挡围护，并应覆盖。

（二）防毒技术措施

1. 一般防毒措施

（1）接触有毒有害物质的作业场所应采取有效的防毒措施，作业场所空气中有毒有害物质的容许浓度应符合现行国家标准《工作场所有害因素职业接触限值 第1部分：化学有害因素》（GBZ 2.1）的要求。

（2）在其他人员可能接触有毒有害材料的场所，应设置警告标志。对存在可能危及人身安全的设施、装置的施工地点，应用防护结构或围栏进行有效的隔离。

（3）当不得不进入缺氧的有限空间作业时，应符合国家现行标准《缺氧危险作业安全规程》（GB 8958）规定。作业时，应采取机械通风。

（4）有酸碱的作业场所，应设置事故应急冲洗供水设施，并保证作业时间不间断供水。

（5）在作业过程中可能突然逸出大量有毒有害物质或易燃易爆化学物质的作业场所，应安装自动报警装置、事故通风设施。事故排风装置的排出口应避免对居民和行人的影响。

（6）优先采用无毒建筑材料，用无毒材料替代有毒材料、低毒材料替代高毒材料。

（7）在使用有机溶剂、稀料、涂料或挥发性化学物质时，应当设置全面通风或局部通风设施；电焊作业时，设置局部通风防尘装置；所有挖方工程、竖井、土方工程、地下工程、隧道等密闭空间作业应当设置通风设施，保证足够的新风量。地下爆破作业后，应进行机械通风。

（8）使用有毒化学品时，劳动者应正确使用施工工具，在作业点的上风向施工。

（9）接触挥发性有毒化学品的劳动者，应当配备有效的呼吸防护用品；接触经皮肤吸收或刺激性、腐蚀性的化学品，应配备有效的防护服、防护手套、防护眼镜。

（10）严禁劳动者在有毒有害工作场所进食或吸烟，饭前班后应及时洗手和更换衣服。

2. 涂装作业防毒措施

（1）采购的涂料及稀释剂等有毒有害物品应是正规厂家生产，并要求提供化学品安全标签和安全使用说明书。

（2）材料在使用前应辨识其危害并采取相应的防护措施。

（3）涂饰材料应存放在指定的专用库房内。专用库房应阴凉干燥且通风良好，温度应在5～25℃之间。

（4）分装和配制油漆、防腐、防水材料等挥发性有毒材料时，尽可能采用露天作业，并注意现场通风。工作完毕后，有机溶剂、涂料容器应及时加盖封严，防止有机溶剂的挥发。使用过的有机溶剂和其他化学品应进行回收处理，防止乱丢乱弃。

（5）应建立严格的领料、发料制度，按计划发放材料，施工现场存放的涂料和稀释剂应不超过当班用量。

（6）涂漆施工场地的劳动者一旦感觉不适，应停止作业，立即就诊，并向医护人员出示有关化学品标签。

（7）涂装作业人员饭前应洗手、洗脸、更衣，不应在作业场所进食。涂料溅到皮肤上时，不应用汽油或其他有机溶剂擦洗。

（8）涂刷溶剂型耐酸、耐腐蚀、防水涂料或使用其他有毒涂料时，应戴防毒口罩。使用机械除锈工具（如钢丝刷、粗锉、风动或电动除锈工具）清除锈层、旧漆膜以及用砂纸打磨基层时应戴防尘口罩。

（三）防噪声技术措施

（1）宜选用低噪声施工设备和施工工艺代替高噪声施工设备和施工工艺。噪声强度较大的生产设备应采取技术措施减少噪声的产生，宜远离作业人员。

（2）对于建筑生产过程和设备产生的噪声应采取减振、消声、隔声、吸声或综合控制等措施，降低噪声危害。建筑施工生产场所的噪声控制及作业人员容许接触限值应符合现行国家标准《工业企业设计卫生标准》（GBZ 1）、《工业场所有害因素职业接触限值 第2部分：物理因素》（GBZ 2.2）和《工作场所职业病危害作业分级 第4部分：噪声》（GBZ/T 229.4）的规定。

（3）工作场所的噪声职业接触限值应满足 GBZ 2.2 的要求：每周工作 5d，每天工作 8h，稳态噪声限值为 85dB(A)，非稳态噪声等效声级的限值为 85dB(A)，见表 3-9-1。脉冲噪声工作场所，噪声声压级峰值和脉冲次数不应超过表 3-9-2 的规定。

表 3-9-1　工作场所噪声职业接触限值

接触时间	接触限值［dB(A)］	备注
5d/w，=8h/d	85	非稳态噪声计算 8h 等效声级
5d/w，≠8h/d	85	计算 8h 等效声级
≠5d/w	85	计算 40h 等效声级

表 3-9-2　工作场所脉冲噪声职业接触限值

工作日接触脉冲次数（次）	声压级峰值［dB(A)］
≤100	140
≤1000	130
≤10000	120

（4）建筑生产场所采取相应噪声控制措施后仍不能达到噪声控制设计标准时，应采取个人防护措施，并尽量减少工人工作时间。

（5）应经常观察、监视设备运转的场所，若强噪声源不宜进行降噪处理时，应设隔声工作间。

（6）强噪声气体动力机构的进排气口为敞开时，应在适当位置设置消声器。

（7）应从工艺和技术上消除或减少振动源，严格限值接触时间，并加强个人防护。

（8）使用振动工具或工件的作业，工具手柄或工件的振动强度，以 4h 等能量频率计权加速度有效值计算，不得超过 $5m/s^2$。

（四）防高温、低温技术措施

（1）建筑施工单位生产场所的防高温要求应按现行国家标准 GBZ 1、GBZ 2.2 和 GBZ/T 229.3 执行。

（2）在不同工作地点温度、不同劳动强度条件下允许持续接触热时间不宜超过表 3-9-3 所列数值。

表 3-9-3　高温作业允许持续接触热时间限值

工作地点温度（℃）	轻劳动（min）	中等劳动（min）	重劳动（min）
30～32	80	70	60
>32～34	70	60	50
>34～36	60	50	40
>36～38	50	40	30
>38～40	40	30	20
>40～42	30	20	15
>40～44	20	10	10

注：轻劳动为Ⅰ级，中等劳动为Ⅱ级，重劳动为Ⅲ级和Ⅳ级。

（3）在高温天气来临之前，建筑施工单位应当对高温天气作业的劳动者进行健康检查，对患有心、肺、脑血管性疾病、肺结核，中枢神经系统疾病及其他身体状况不适合高温作业环境的劳动者，应当调整作业岗位。职业卫生检查费用由建筑施工单位承担。

（4）持续接触热后必要休息时间不应少于 15min。休息时应脱离高温作业环境。

（5）各种机械和运输车辆的操作室和驾驶室应设置空调，在施工现场附近设置工间休息室和浴室，休息室内设置空调或电扇。

（6）高温作业场所应设有工间休息室，设有空调的休息室室内气温应不高于 27℃。

（7）在罐、釜等容器内作业时应采取措施，做好通风和降温工作。

（8）应为高温作业、高温天气作业的劳动者供给足够的、符合卫生标准的防暑降温饮料及必需的药品。

（9）低温作业时，应做好采暖和保暖工作，穿戴好个体防护用品。

（五）防辐射技术措施

（1）不应选用放射性水平超过国家标准限值的建筑材料，尽可能避免使用放射源或射线装置的施工工艺。

（2）采用自动或半自动焊接设备，加大劳动者与辐射源的距离。

（3）产生辐射的作业场所，应将该区域与其他施工区域分隔，宜安排在固定的房间或围墙内。应综合采取时间防护、距离防护、位置防护和屏蔽防护等措施，减少辐射暴露，禁止无关人员进入操作区域。

（4）按照国家现行标准《电离辐射防护与辐射源安全标准》（GB 18871）的有关要求对电离辐射进行防护。将电离辐射工作场所划分为控制区和监督区，进行分区管理。在控制区的出入口或边界上设置醒目的电离辐射警告标志，在监督区边界上设置警戒绳、警灯、警铃和警告牌。必要时应设专人警戒。进行野外电离辐射作业时，应建立作业票制度，并尽可能安排在夜间进行。

（5）电焊工应佩戴专用的面罩、防护眼镜，以及有效的防护服和手套。进行电离辐射作业时，劳动者应佩戴个人剂量计，并佩戴剂量报警仪。

（6）隧道、地下工程施工场所存在氡及其子体危害或其他放射性物质危害，应采取防止内照射的个人防护措施。

（7）工作场所的电离辐射水平应当符合国家有关职业卫生标准，当劳动者受照射水平可能达到或超过国家标准时，应当进行放射作业危害评价，安排合适的工作时间和选择有效的个人防护用品。

第十章　机械设备安全管理

一、机械设备租赁和购置

（1）出租单位出租的建筑起重机械和使用单位购置、租赁、使用的建筑起重机械应当具有特种设备制造许可证、产品合格证、制造监督检验证明。

（2）出租单位在建筑起重机械首次出租前，自购建筑起重机械的使用单位在建筑起重机械首次安装前，应当持建筑起重机械特种设备制造许可证、产品合格证和制造监督检验证明到本单位工商注册所在地县级以上地方人民政府建设主管部门办理备案。

（3）出租单位应当在签订的建筑起重机械租赁合同中，明确租赁双方的安全责任，并出具建筑起重机械特种设备制造许可证、产品合格证、制造监督检验证明、备案证明和自检合格证明，提交安装使用说明书。

（4）有下列情形之一的建筑起重机械，不得出租、使用：

① 没有完整安全技术档案的。

② 没有齐全有效的安全保护装置的。

二、起重机械的报废标准

（1）属国家明令淘汰或者禁止使用的。

（2）超过安全技术标准或者制造厂家规定的使用年限的。

（3）经检验达不到安全技术标准规定的。

建筑起重机械有上述规定情形之一的，出租单位或者自购建筑起重机械的使用单位应当予以报废，并向原备案机关办理注销手续。

三、安全技术档案的建立

出租单位、自购建筑起重机械的使用单位，应当建立建筑起重机械安全技术档案。

建筑起重机械安全技术档案应当包括以下资料：

（1）购销合同、制造许可证、产品合格证、制造监督检验证明、安装使用说明书、备案证明等原始资料。

（2）定期检验报告、定期自行检查记录、定期维护保养记录、维修和技术改造记录、运行故障和生产安全事故记录、累计运转记录等运行资料。

（3）历次安装验收资料。

四、起重机械安装、拆卸单位安全管理责任

（1）从事建筑起重机械安装、拆卸活动的单位（以下简称安装单位）应当依法取得建

设主管部门颁发的相应资质和建筑施工企业安全生产许可证，并在其资质许可范围内承揽建筑起重机械安装、拆卸工程。

（2）建筑起重机械使用单位和安装单位应当在签订的建筑起重机械安装、拆卸合同中明确双方的安全生产责任。

实行施工总承包的，施工总承包单位应当与安装单位签订建筑起重机械安装、拆卸工程安全协议书。

（3）安装单位应当履行下列安全职责：

① 按照安全技术标准及建筑起重机械性能要求，编制建筑起重机械安装、拆卸工程专项施工方案，并由本单位技术负责人签字。

② 按照安全技术标准及安装使用说明书等检查建筑起重机械及现场施工条件。

③ 组织安全施工技术交底并签字确认。

④ 制订建筑起重机械安装、拆卸工程生产安全事故应急救援预案。

⑤ 将建筑起重机械安装、拆卸工程专项施工方案，安装、拆卸人员名单，安装、拆卸时间等材料报施工总承包单位和监理单位审核后，告知工程所在地县级以上地方人民政府建设主管部门。

（4）安装单位应当按照建筑起重机械安装、拆卸工程专项施工方案及安全操作规程组织安装、拆卸作业。

安装单位的专业技术人员、专职安全生产管理人员应当进行现场监督，技术负责人应当定期巡查。

（5）建筑起重机械安装完毕后，安装单位应当按照安全技术标准及安装使用说明书的有关要求对建筑起重机械进行自检、调试和试运转。自检合格的，应当出具自检合格证明，并向使用单位进行安全使用说明。

（6）安装单位应当建立建筑起重机械安装、拆卸工程档案。

建筑起重机械安装、拆卸工程档案应当包括以下资料：

① 安装、拆卸合同及安全协议书。

② 安装、拆卸工程专项施工方案。

③ 安全施工技术交底的有关资料。

④ 安装工程验收资料。

⑤ 安装、拆卸工程生产安全事故应急救援预案。

（7）建筑起重机械安装完毕后，使用单位应当组织出租、安装、监理等有关单位进行验收，或者委托具有相应资质的检验检测机构进行验收。建筑起重机械经验收合格后方可投入使用，未经验收或者验收不合格的不得使用。实行施工总承包的，由施工总承包单位组织验收。建筑起重机械在验收前应当经有相应资质的检验检测机构监督检验合格。检验检测机构和检验检测人员对检验检测结果、鉴定结论依法承担法律责任。

五、起重机械使用单位安全管理职责

（1）使用单位应当自建筑起重机械安装验收合格之日起30日内，将建筑起重机械安装验收资料、建筑起重机械安全管理制度、特种作业人员名单等，向工程所在地县级以上地方人民政府建设主管部门办理建筑起重机械使用登记。登记标志置于或者附着于该设备的显著位置。

（2）使用单位应当履行下列安全职责：

① 根据不同施工阶段、周围环境以及季节、气候的变化，对建筑起重机械采取相应的安全防护措施。

② 制订建筑起重机械生产安全事故应急救援预案。

③ 在建筑起重机械活动范围内设置明显的安全警示标志，对集中作业区做好安全防护。

④ 设置相应的设备管理机构或者配备专职的设备管理人员。

⑤ 指定专职设备管理人员、专职安全生产管理人员进行现场监督检查。

⑥ 建筑起重机械出现故障或者发生异常情况的，立即停止使用，消除故障和事故隐患后，方可重新投入使用。

（3）使用单位应当对在用的建筑起重机械及其安全保护装置、吊具、索具等进行经常性和定期的检查、维护和保养，并做好记录。

使用单位在建筑起重机械租期结束后，应当将定期检查、维护和保养记录移交出租单位。

建筑起重机械租赁合同对建筑起重机械的检查、维护、保养另有约定的，从其约定。

（4）建筑起重机械在使用过程中需要附着的，使用单位应当委托原安装单位或者具有相应资质的安装单位按照专项施工方案实施，并按照相关规定组织验收。验收合格后方可投入使用。

建筑起重机械在使用过程中需要顶升的，使用单位委托原安装单位或者具有相应资质的安装单位按照专项施工方案实施后，即可投入使用。

禁止擅自在建筑起重机械上安装非原制造厂制造的标准节和附着装置。

六、施工总承包单位安全职责

（1）向安装单位提供拟安装设备位置的基础施工资料，确保建筑起重机械进场安装、拆卸所需的施工条件。

（2）审核建筑起重机械的特种设备制造许可证、产品合格证、制造监督检验证明、备案证明等文件。

（3）审核安装单位、使用单位的资质证书、安全生产许可证和特种作业人员的特种作业操作资格证书。

（4）审核安装单位制订的建筑起重机械安装、拆卸工程专项施工方案和生产安全事故应急救援预案。

（5）审核使用单位制订的建筑起重机械生产安全事故应急救援预案。

（6）指定专职安全生产管理人员监督检查建筑起重机械安装、拆卸、使用情况。

（7）施工现场有多台塔式起重机作业时，应当组织制订并实施防止塔式起重机相互碰撞的安全措施。

第十一章　安全生产标准化考评

一、概述

施工安全生产标准化考评是指建筑施工企业在建筑施工活动中，贯彻执行建筑施工安全法律法规和标准规范，建立企业和项目安全生产责任制，制订更安全的管理制度和操作规程，监控危险性较大分部分项工程，排查治理安全生产隐患，使人、机、料始终处于安全状态，形成过程控制，改进安全管理机制。

《中华人民共和国安全生产法》及《国务院关于坚持科学发展安全发展促进安全形势持续稳定好转的意见》（国发〔2011〕40号）都明确要求生产经营单位要“推进安全生产标准化建设”，住房城乡建设部2014年7月31日颁布《建筑施工安全生产标准化考评暂行办法》（建质〔2014〕111号），进一步规范了施工安全生产标准化考评工作。

1. 考评类型

分为建筑施工项目安全标准化考评和施工企业安全标准化考评。

2. 考评范围

（1）建筑施工项目，指新建、扩建、改建房屋建筑和市政基础施工程项目。

（2）建设施工企业，指从事新建、扩建、改建房屋建筑和市政基础设施工程的施工总承包及专业承包企业。

二、考评范围

（一）项目考评

1. 责任主体

建筑施工企业应当建立健全以项目负责人为第一责任人的项目安全生产管理体系，依法履行安全生产职责，实施项目安全生产标准化工作。

建筑施工项目实行施工总承包的，施工总承包单位对项目安全生产标准化工作负总责。施工总承包单位应当组织专业承包单位等开展项目安全生产标准化工作。

2. 自评依据

工程项目应当成立由施工总承包及专业承包单位等组成的项目安全生产标准化自评机构，在项目施工过程中每月主要依据现行行业标准《建筑施工安全检查标准》（JGJ 59）等开展安全生产标准化自评工作。

3. 监督检查

（1）建筑施工企业安全生产管理机构应当定期对项目安全生产标准化工作进行监督检查，检查及整改情况应当纳入项目自评材料。

（2）建设监理单位应当对建筑施工企业实施的项目安全生产标准化工作进行监督检查，并对建筑施工企业的项目自评材料进行审核并签署意见。

（3）对建筑施工项目实施安全生产监督的住房城乡建设主管部门或其委托的建筑施工安全监督机构（以下简称“项目考评主体”）负责建筑施工项目安全生产标准化考评工作。

（4）项目考评主体应当对已办理施工安全监督手续并取得施工许可证的建筑施工项目实施安全生产标准化考评。

（5）项目考评主体应当对建筑施工项目实施日常安全监督时同步开展项目考评工作，指导监督项目自评工作。

（6）项目完工后办理竣工验收前，建筑施工企业应当向项目考评主体提交项目安全生产标准化自评材料。

（7）考评流程见如图 3-11-1 所示。

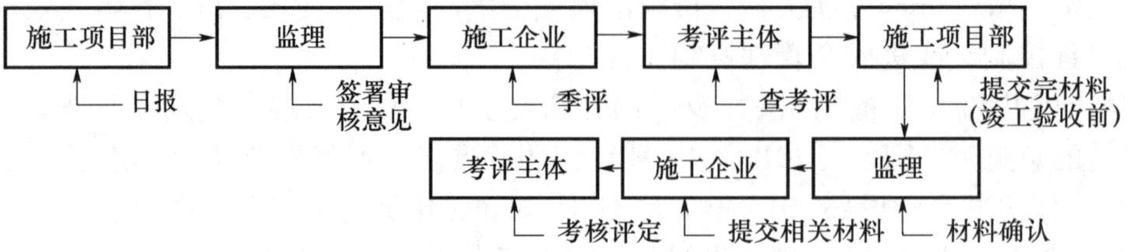

图 3-11-1　安全生产标准化项目考评流程

4. 项目自评材料主要内容

（1）项目建设、监理、施工总承包、专业承包等单位及其项目主要负责人名录。

（2）项目主要依据现行行业标准《建筑施工安全检查标准》（JGJ 59）等进行自评结果及项目建设、监理单位审核意见。

（3）项目施工期间因安全生产受到住房城乡建设主管部门奖惩情况（包括限期整改、停工整改、通报批评、行政处罚、通报表扬、表彰奖励等）。

（4）项目发生生产安全责任事故情况。

（5）住房城乡建设主管部门规定的其他材料。

5. 建筑施工项目安全生产标准化评定为不合格的几种情形

（1）未按规定开展项目自评工作的。

（2）发生生产安全责任事故的。

（3）因项目存在安全隐患，在一年内受到住房城乡建设主管部门 2 次及以上停工整改的。

（4）住房城乡建设主管部门规定的其他情形。

（二）企业考评

1. 责任主体

建筑施工企业应当建立健全以法定代表人为第一责任人的企业安全生产管理体系，依法履行安全生产职责，实施企业安全生产标准化工作。

2. 评定依据

建筑施工企业应当成立企业安全生产标准化自评机构，每年主要依据现行行业标准《施工企业安全生产评价标准》（JGJ/T 77）等开展企业安全生产标准化自评工作。

3. 评定机构和考评内容

（1）对建筑施工企业颁发安全生产许可证的住房城乡建设主管部门或其委托的建筑施工安全监督机构（以下简称“企业考评主体”）负责建筑施工企业的安全生产标准化考评工作。

（2）企业考评主体应当取得安全生产许可证且许可证在有效期内的建筑施工企业实施安全生产标准化考评。

（3）企业考评主体应当对建筑施工企业安全生产许可证实施动态监管时同步开展企业安全生产标准化考评工作，指导监督建筑施工企业开展自评工作。

（4）建筑施工企业在办理安全生产许可证延期时，应当向企业考评主体提交企业自评材料。

4. 企业自评材料主要内容

（1）企业承建项目台账及项目考评结果。

（2）企业主要依据现行行业标准《施工企业安全生产评价标准》（JGJ/T 77）等进行自评结果。

（3）企业近三年内因安全生产受到住房城乡建设主管部门奖惩情况（包括通报批评、行政处罚、通报表扬、表彰奖励等）。

（4）企业承建项目发生生产安全责任事故情况。

（5）省级及以上住房城乡建设主管部门规定的其他材料。

5. 建筑施工企业安全生产标准化评定为不合格的几种情形

（1）未按规定开展企业自评工作的。

（2）企业近三年所承建的项目发生较大及以上生产安全责任事故的。

（3）企业近三年所承建已竣工项目不合格率超过5%的（不合格率是指企业近三年作为项目考评不合格责任主体的竣工工程数量与企业承建已竣工工程数量之比）。

（4）省级及以上住房城乡建设主管部门规定的其他情形。

（5）建筑施工企业在办理安全生产许可证延期时未提交企业自评材料的，视同企业考评不合格。

三、奖励和惩戒

1. 奖励

（1）建筑施工安全生产标准化考评结果作为政府相关部门进行绩效考核、信用评级、诚信评价、评先推优、投融资风险评估、保险费率浮动等重要参考依据。

（2）政府投资项目招标投标应优先选择建筑施工安全生产标准化工作业绩突出的建筑施工企业及项目负责人。

（3）住房城乡建设主管部门应当将建筑施工安全生产标准化考评情况记入安全生产信用档案。

2. 惩戒

（1）对于安全生产标准化考评不合格的建筑施工企业，住房城乡建设主管部门应当责令限期整改，在企业办理安全生产许可证延期时，复核其安全生产条件，对整改后具备安全生产条件的，安全生产标准化考评结果为“整改后合格”，核发安全生产许可证；对不再具备安全生产条件的，不予核发安全生产许可证。

（2）对于安全生产标准化考评不合格的建筑施工企业及项目，住房城乡建设主管部门应当在企业主要负责人、项目负责人办理安全生产考核合格证书延期时，责令限期重新考核，对重新考核合格的，核发安全生产考核合格证；对重新考核不合格的，不予核发安全生产考核合格证。

（3）经安全生产标准化考评合格或优良的建筑施工企业及项目，发现有下列情形之一的，由考评主体撤销原安全生产标准化考评结果，直接评定为不合格，并对有关责任单位和责任人员依法予以处罚：① 提交的自评材料弄虚作假的；② 漏报、谎报、瞒报生产安全事故的；③ 考评过程中有其他违法违规行为的。

第十二章　安全标志设置

一、基本规定①

（1）建筑工程施工现场应设置安全标志和专用标志。

（2）建筑工程施工现场的下列危险部位和场所应设置安全标志（此条为强制性条文，必须严格执行）：① 通道口、楼梯口、电梯口和孔洞口；② 基坑和基槽外围、管沟和水池边沿；③ 高差超过 1.5m 的临边部位；④ 爆破、起重、拆除和其他各种危险作业场所；⑤ 爆破物、易燃物、危险气体、危险液体和其他有毒有害危险品存放处；⑥ 临时用电设施；⑦ 施工现场其他可能导致人身伤害的危险部位或场所。

（3）应绘制安全标志和专用标志平面布置图，并宜根据施工进度和危险源的变化更新。

（4）建筑工程施工现场应在临近危险源的位置设置安全标志。

（5）建筑工程施工现场作业条件及工作环境发生显著变化时，应及时增减和调换标志。

（6）建筑工程施工现场标志应保持清晰、醒目、准确和完好。施工现场标志设置应与实际情况相符，不得遮挡或随意挪动施工现场标志。

（7）标志的设置、维护与管理应明确责任人。

（8）建筑工程施工现场的重点消防防火区域，应设置消防安全标志，消防安全标志的设置应符合现行国家标准《消防安全标志》（GB 13495）和《消防安全标志设置要求》（GB 15630）的有关规定。

（9）标志颜色的选用应符合现行国家标准《安全色》（GB 2893）的有关规定。

二、安全标志设置范例

（一）禁止类标志

禁止类标志见表 3-12-1。

表 3-12-1　禁止类标志

图形符号	设置范围	设置地点范例
	封闭施工区域和有潜在危险的区域	临时封闭施工的通行道路及便道、井架吊篮下等
	存在对人体有危害因素的作业场所	变配电所、有飞溅物的机械加工处
	施工沟槽等禁止跨越的场所	施工沟槽、坑、提升卷扬机地面钢丝绳旁等地点

① 引自《建筑工程施工现场标志设置技术规程》（JGJ 348—2014）。

续表

图形符号	设置范围	设置地点范例
	脚手架等禁止跳下的场所	施工沟槽、脚手架、高处平台等场所
	禁止非工作人员入内和易造成事故或对人员产生伤害的场所	基坑、泥浆池、水上平台、挖孔桩施工现场、路基边坡开挖现场、爆破现场、配电房、炸药库、油产生伤害的场所库、施工现场入口等
	有吊物或吊装操作的场所	井架吊篮下等
	禁止攀登的桩机、变压器等危险场所	有坍塌危险的建（构）筑物、门式起重机、桩基、支架、变压器等
	禁止靠近的变压器等危险区域	高压线、临时输变电设备附近等
	禁止乘人的货物提升设备	物料提升机、货用垂直升降机等
	禁止踩踏的现浇混凝土等区域	现浇筑混凝土地面、非承重板等
	禁止吸烟的木工加工场等场所	木工棚、材料库房、易燃易爆场所等

续表

图形符号	设置范围	设置地点范例
	禁止烟火的油罐、木工加工场等场所	配电房、电气设备开关处、发电机、变压器、炸药库、油库、油罐、隧道口、木工加工场地
	禁止放易燃物的场所	明火、大型空压机、炸药库、油库、油罐、电焊、气焊等地点
	禁止用水灭火的发电机、配电房等场所	配电房、电气设备开关处、发电机、变压器、油库、图档资料室、计算机房
	禁止启闭的电气设备处	阀门电动开关等地点
	禁止电气设备及移动电源开关处	检修、清理搅拌系统、门式起重机、桩机等机械设备
	检修或专人操作的设备附近	检修或专人操作的设备
	禁止触摸的设备或物体附近	传动部位等
	戴手套易造成手部伤害的作业地点	旋转的机械设备
	堆放物资影响安全的场所	消防器材存放处、消防通道、施工通道、基坑支撑杆上等

续表

图形符号	设置范围	设置地点范例
	易有燃气积聚，设备碰撞发生火花易发生危险的场所	液化气罐瓶区等地点
	挂重物易发生危险的场所	临时支撑、电线等
	地下设施等禁止挖掘的区域	埋地管道、阀井等地点

（二）指令类标志

指令类标志见表 3-12-2。

表 3-12-2　指令类标志

图形符号	设置范围	设置地点范例
	有毒挥发气体且通风不良的有限空间	下井作业等
	有飞溅物质等对面部有伤害的场所	电焊、切割作业、检修设备操作地点等
	有强光等对眼睛有伤害的地方	电焊、切割作业、检修设备操作地点等
	施工现场	施工现场出入口、桩机施工现场、路基边坡开挖现场、爆破现场、张拉作业区、梁场入口、钢筋加工场地、拆除现场等
	具有腐蚀、灼烫、触电、刺伤等易伤害手部的场所	设备检修、电气道闸操作等

续表

图形符号	设置范围	设置地点范例
	具有腐蚀、灼烫、触电、刺伤、砸伤等易伤害脚部的场所	设备检修、电气道闸操作等
	高处作业场所	下井检修操作及登高作业等
	有静电火花或导致灾害的场所	带气施工作业区及其他场所等
	会导致爆炸的场所	带气施工作业区及其他场所等

（三）警告类标志

警告类标志见表 3-12-3。

表 3-12-3　警告类标志

图形符号	设置范围	设置地点范例
	易造成人员伤害的场所	基坑、泥浆池、水上平台、桩基施工现场、路基边坡开挖现场、爆破现场、配电房、炸药库、油库、便桥、临时码头、拌合楼、门式起重机、桩机、支架、变压器、拆除工程现场、地锚、缆绳通过区域等
	易发生爆炸的危险场所	带气作业施工现场等地点
	易发生火灾的危险场所	房屋外立面保温材料的施工处

续表

图形符号	设置范围	设置地点范例
	有可能发生触电危险的场所	输配电线路、门式起重机、配电房、电气设备开关处、发电机、变压器、桩机等
	易发生雷电电击区域	有避雷装置的场所
	电缆埋设处的施工区域	暴露的电缆或地面下有电缆处施工的地点
	易发生坠落事故的作业场所	脚手架、高处平台等
	易碰头的施工区域	易碰头的楼梯底部、建筑物的门等
	地面高低不平易绊倒的场所	地面有电缆、电线等高低不平易绊倒的场所
	地面有障碍物并易造成人员伤害的场所	有障碍物并易造成人员伤害的场所
	建筑物边沿、基坑边沿等易跌落场所	建筑物边沿、基坑边沿、楼梯口、通道口等场所
	易滑倒场所	光滑、有积水、下坡等地点

续表

图形符号	设置范围	设置地点范例
	有坑洞易造成伤害的作业场所	有坑洞易造成伤害的作业场所
	有塌方危险区域	易发生地质灾害的部位、边坡开挖等
	有冒顶危险的作业场所	地下通道施工处
	有吊物作业的场所	起重机吊物
	易造成手部伤害的场所	钢筋加工
	易发生机械卷入、轧压、碾压、剪切等机械伤害的作业场所	桩机、架桥机、大型空压机，钢筋加工场地、模板加工场地
	易造成足部伤害的场所	模板施工处
	易发生落物危险的区域	边坡开挖、拆除现场、支架、高处作业场所
	人、车混合行走的区域	施工现场与道路的交叉口

续表

图形符号	设置范围	设置地点范例
	噪声较大易对人体造成伤害的场所	切割作业等地点
	通风不良的有限空间	阀井等处
	有飞溅物质的场所	电焊、检修设备操作地点等处
	配有自动启动装置的设备处	配有自动启动装置的设备处

（四）提示类标志

提示类标志见表3-12-4。

表3-12-4　提示类标志

图形符号	设置范围
	施工现场划定的可使用明火的场所
	容纳危险区域内疏散人员的场所
	躲避危险的场所
	用于安全疏散的紧急出口处，与方向箭头结合设在通向紧急出口的通道处

提示标志指示目标的位置应加方向辅助标志，并应按实际需要指示方向。
辅助标志应放在图形标志的相应方向，如图 3-12-1 所示。

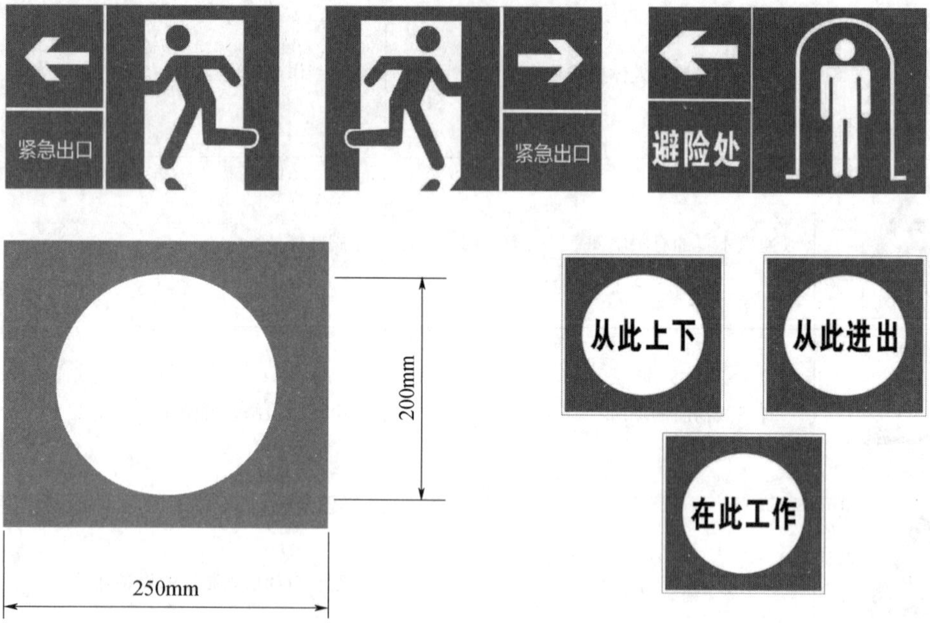

图 3-12-1　提示类标志示意

第十三章　施工现场安全资料管理

一、基本规定

（1）施工现场安全管理资料是建筑工程各参建单位在工程建设过程中形成的有关施工安全、绿色施工的各种形式的信息记录，包括施工现场安全生产和绿色施工等资料。

（2）施工现场负责人应负责本单位施工现场安全资料全过程管理工作。施工过程中施工现场安全资料的收集、整理工作应按专业分工，并由专人负责。

（3）安全资料应跟随施工生产进度形成和积累，纳入工程建设管理的全过程，并对各自资料的真实性、完整性和有效性负责。

（4）各参建单位应负责各自安全资料的收集、整理、组卷归档，并保存至工程竣工。

（5）建设单位、监理单位、施工单位等应参加超过一定规模的危险性较大的分部分项工程专家论证；施工单位、监理单位应留存专项施工方案、论证报告，对按有关规定需要验收的危险性较大的分部分项工程，施工单位、监理单位尚应留存验收记录。

（6）施工现场安全资料应真实反映工程的实际状况。

（7）施工现场安全资料应使用原件，因特殊原因不能使用原件的，应在复印件上加盖单位公章。

（8）施工现场安全资料的收集、整理应随工程进度同步进行，资料应真实有效。

二、安全管理资料主要内容

1. 基本资料

（1）工程概况表
（2）施工组织设计
（3）危险性较大的分部分项工程总表
（4）危险性较大的分部分项工程专家论证表、安全专项施工方案及验收记录
（5）冬、雨期施工方案及审核、审批手续
（6）安全技术交底汇总表
（7）安全技术交底表
（8）施工现场检查汇总表
（9）施工现场检查评分记录
（10）安全检查（隐患排查）记录表
（11）安全隐患整改反馈表
（12）项目经理部安全生产责任制
（13）项目经理部安全生产组织机构图及安全管理人员名册
（14）项目经理部安全生产管理制度
（15）总分包安全生产许可证及人员安全生产考核合格证书复印件
（16）总分包安全管理协议书
（17）安全教育记录表
（18）安全资料投入记录（参考用书）
（19）施工现场生产安全事故登记表
（20）特种作业人员登记表
（21）地上（地下）管线及建（构）筑物资料移交单、保护措施方案及验收记录表
（22）劳动防护用品验收记录及发放使用登记台账
（23）生产安全事故应急救援预案
（24）生产安全事故应急救援演练记录
（25）施工安全日志
（26）班组班前讲话记录
（27）监理通知及监理通知回复单
（28）安全警示标识相关资料
（29）违章处理记入台账
（30）带班工作记录

2. 工程项目生活区、办公室资料

（1）生活区、办公区平面布置图
（2）办公室、生活区、食堂、厕所等各项卫生管理制度
（3）生活区、办公区临建房屋消防验收表
（4）应急药品、器材的登记及使用记录
（5）传染病管理制度、急性职业中毒应急预案和卫生防疫应急预案

（6）食堂及炊事人员的证件
（7）食品采购资料
（8）燃气管理资料

3. 工程项目绿色施工资料

（1）绿色施工专项方案（控制措施）
（2）绿色施工管理机构及制度资料
（3）施工噪声监测记录表
（4）施工现场平面布置图
（5）材料保存、领取、使用制度
（6）建筑垃圾消纳资料
（7）绿色施工教育培训资料
（8）检查整改记录

4. 工程项目脚手架资料

（1）脚手架、卸料平台施工方案及相关资料
（2）满堂脚手架验收表
（3）落地式脚手架验收表
（4）悬挑式脚手架验收表
（5）附着式升降脚手架安装验收表
（6）附着式升降脚手架提升、下降作业前验收表
（7）电梯井操作平台验收表
（8）卸料平台验收表
（9）马道验收记录表

5. 工程项目模板支架资料

（1）模板支撑体系专项施工方案
（2）扣件式模板支撑体系安全验收表
（3）碗扣式钢管模板支撑体系安全验收表
（4）承插型盘扣式模板支撑体系安全验收表

6. 工程项目安全防护资料

（1）基坑专项施工方案及专家论证资料
（2）基坑支护验收表
（3）人工挖（护）孔桩防护检查（验收）表
（4）有限空间作业审批表
（5）有限空间气体监测记录

7. 工程项目施工用电资料

（1）临时用电施工组织设计及审批手续
（2）临时用电安全管理协议
（3）临时用电绝缘电阻测试记录
（4）临时用电接地电阻测试记表
（5）临时用电漏电保护器运行检测记录

(6) 施工现场临时用电验收记录
(7) 电工巡检维修记录

8. 施工单位工程项目起重机、起重吊装资料

(1) 塔式起重机租赁、拆装管理资料
(2) 塔式起重机拆装统一检查验收表
(3) 起重机械安拆告知、联合验收、使用登记和检验报告
(4) 起重机械拆装方案、群塔作业方案及起重吊装作业专项施工方案
(5) 塔式起重机平面布置图
(6) 塔式起重机组和信号工安全技术交底
(7) 塔式起重机月检记录
(8) 起重机械运行记录
(9) 流动式起重机械检查验收表
(10) 门式、桥式起重机械检验验收表
(11) 机械设备检查维修保养记录

9. 施工单位工程项目机械安全资料

(1) 机械租赁合同、安全管理协议书等资料
(2) 施工升降机、物料提升机、电动吊篮拆装方案
(3) 起重机械安拆告知、联合验收、使用登记和检验报告
(4) 施工升降机拆装统一检查验收表
(5) 施工升降机月检记录
(6) 物料提升机检查验收表
(7) 高处作业吊篮检查验收表
(8) 机动翻斗车检查验收表
(9) 打桩机、钻孔机检查验收表
(10) 挖掘机检查验收表
(11) 装载机检查验收表
(12) 混凝土泵检查验收表
(13) 钢筋机械检查验收表
(14) 木工机械检查验收表
(15) 电焊机检查验收表
(16) 混凝土面料机检查验收表
(17) 其他中小型施工机具检查验收表
(18) 机械设置检查维修保养记录

10. 施工单位工程项目消防保卫资料

(1) 施工现场消防重点部位登记表
(2) 消防保卫设施图、设备平面图
(3) 现场消防保卫管理制度
(4) 消防保卫协议
(5) 防火技术方案

（6）灭火及应急疏散预案
（7）消防保卫管理组织机构
（8）施工项目消防审批备案手续
（9）消防设施器材登记台账
（10）消防设施器材验收、维修记录表
（11）消防安全教育和培训记录
（12）消防火灾应急演练记录
（13）消防安全技术交底记录
（14）门卫人员值班、巡查工作记录
（15）动火作业审批表

第十四章　高处作业安全防护

一、综合性管理规定

（一）基本规定

（1）建筑施工中凡涉及临边与洞口作业、攀登与悬空作业、操作平台、交叉作业及安全网搭设的，应在施工组织设计或施工方案中制订高处作业安全技术措施。

（2）高处作业施工前，应按类别对安全防护设施进行检查、验收，验收合格后方可进行作业，并应做验收记录。验收可分层或分阶段进行。

（3）高处作业施工前，应对作业人员进行安全技术交底，并应记录。应对初次作业人员进行培训。

（4）应根据要求将各类安全警示标志悬挂于施工现场各相应部位，夜间应设红灯警示。高处作业施工前，应检查高处作业的安全标志、工具、仪表、电气设施和设备，确认其完好后，方可进行施工。

（5）高处作业人员应根据作业的实际情况配备相应的高处作业安全防护用品，并应按规定正确佩戴和使用相应的安全防护用品、用具。

（6）对施工作业现场可能坠落的物料，应及时拆除或采取固定措施。高处作业所用的物料应堆放平稳，不得妨碍通行和装卸。工具应随手放入工具袋；作业中的走道、通道板和登高用具，应随时清理干净；拆卸下的物料及余料和废料应及时清理运走，不得随意放置或向下丢弃。传递物料时不得抛掷。

（7）高处作业应按现行国家标准《建设工程施工现场消防安全技术规范》（GB 50720）的规定，采取防火措施。

（8）在雨、霜、雾、雪等天气进行高处作业时，应采取防滑、防冻和防雷措施，并应及时清除作业面上的水、冰、雪、霜。

当遇有六级或六级以上强风、浓雾、沙尘暴等恶劣天气，不得进行露天攀登或悬空高处作业。雨雪天气后，应对高处作业安全设施进行检查，当发现有松动、变形、损坏或脱落等现象时，应立即修理完善，维修合格后方可使用。

（9）对须临时拆除或变动的安全防护设施，应采取可靠措施，作业后应立即恢复。

（10）安全防护设施验收应包括下列主要内容：

① 防护栏杆的设置与搭设；

② 攀登与悬空作业的用具与设施搭设；

③ 操作平台及平台防护设施的搭设；

④ 防护棚的搭设；

⑤ 安全网的设置；

⑥ 安全防护设施、设备的性能与质量、所用的材料、配件的规格；

⑦ 设施的节点构造，材料配件的规格、材质及其与建筑物的固定、连接状况。

（11）安全防护设施验收资料应包括下列主要内容：

① 施工组织设计中的安全技术措施或施工方案；

② 安全防护用品用具、材料和设备产品合格证明；

③ 安全防护设施验收记录；

④ 预埋件隐蔽验收记录；

⑤ 安全防护设施变更记录。

（12）应有专人对各类安全防护设施进行检查和维修保养，发现隐患应及时采取整改措施。

（13）安全防护设施宜采用定型化、工具化设施，防护栏应为黑黄或红白相间的条纹标示，盖件应为黄或红色标志。

（二）高处作业安全实施

（1）物料提升机应按有关规定由其产权单位编制安装拆卸施工方案，产权单位分管负责人审批签字，并负责安装和拆卸；使用前与施工单位共同进行验收，经验收合格签字后，方可作业。物料提升机应有完好的停层装置，各层联络要有明确信号和楼层标记。物料提升机上料口应装设有联锁装置的安全门，同时采用断绳保护装置或安全停靠装置。通道口走道板应满铺并固定牢靠，两侧边应设置符合要求的防护栏杆和挡脚板，并用密目式安全立网封闭两侧。物料提升机严禁乘人。

（2）施工外用电梯应按有关规定由其产权单位编制安装拆卸施工方案，产权单位分管负责人审批签字，并负责安装和拆卸；使用前与施工单位共同进行验收，经验收合格签字后，方可作业。施工外用电梯各种限位应灵敏可靠，楼层门应采取防止人员和物料坠落措施，电梯上下运行的行程内应保证无障碍物。电梯轿厢内乘人或载物时，严禁超载，载荷应均匀分布，防止偏重。

（3）移动式操作平台应按相关规定编制施工方案，项目分管负责人审批签字并组织有关部门验收，经验收合格签字后，方可作业。移动式操作平台立杆应保持垂直，上部适当向内收紧，平台作业面不得超出底脚。立杆底部和平台立面应分别设置扫地杆、剪刀撑或斜撑，平台应用坚实木板满铺，并设置防护栏杆和登高扶梯。

（4）各类作业平台、卸料平台应按相关规定编制施工方案，项目分管负责人审批签字并组织有关部门验收，经验收合格签字后，方可作业。架体应保持稳固，不得与施工脚手架连接。作业平台上严禁超载。

（5）脚手架应按相关规定编制施工方案，施工单位分管负责人审批签字，项目分管负责人组织有关部门验收，经验收合格签字后，方可作业。作业层脚手架的脚手板应铺设严密，下部应用安全平网兜底。脚手架外侧应采用密目式安全立网做全封闭，不得留有空隙。密目式安全立网应可靠固定在架体上。作业层脚手板与建筑物之间的空隙大于15cm时应做好全封闭，防止人员和物料坠落。作业人员上下应有专用通道，不得攀爬架体。

（6）附着式升降脚手架和其他外挂式脚手架应按相关规定由其产权单位编制施工方案，产权单位分管负责人审批签字，并与施工单位在使用前进行验收，经验收合格签字后，方可作业。附着式升降脚手架和其他外挂式脚手架每提升一次，都应由项目分管负责人组织有关部门验收，经验收合格签字后，方可作业。附着式升降脚手架和其他外挂式脚手架应设置安全可靠的防倾覆、防坠落装置，每一作业层架体外侧应设置符合要求的防护栏杆和挡脚板。附着式升降脚手架和其他外挂式脚手架升降时，应设专人对脚手架作业区域进行监护。

（7）模板工程应按相关规定编制施工方案，施工单位分管负责人审批签字；项目分管负责人组织有关部门验收，经验收合格签字后，方可作业。模板工程在绑扎钢筋、粉刷模板、支拆模板时应保证作业人员有可靠立足点，作业面应按规定设置安全防护设施。模板及其支撑体系的施工荷载应均匀堆置，并不得超过设计计算要求。

（8）吊篮应按相关规定由其产权单位编制施工方案，产权单位分管负责人审批签字，并与施工单位在使用前进行验收，经验收合格签字后，方可作业。吊篮产权单位应做好日常例行保养和记录。吊篮悬挂机构的结构件应选用钢材或其他适合的金属结构材料制造，其结构应具有足够的强度和刚度。作业人员应按规定佩戴安全带；安全带应挂设在单独设置的安全绳上，严禁安全绳与吊篮连接。

（9）施工单位对电梯井门应按定型化、工具化的要求设计制作，其高度应在15～18m的范围内。电梯井内不超过10m应设置一道安全平网；安装拆卸电梯井内安全平网时，作业人员应按规定佩戴安全带。

（10）施工单位进行屋面卷材防水层施工时，屋面周围应设置符合要求的防护栏杆。屋面上的孔洞应加盖封严，短边尺寸大于15m时，孔洞周边也应设置符合要求的防护栏杆，底部加设安全平网。在坡度较大的屋面作业时，应采取专门的安全措施。

二、高处作业安全防护

（一）临边作业

（1）坠落高度基准面2m及以上进行临边作业时，应在临边一侧设置防护栏杆，并采用密目式安全立网或工具式栏板封闭，如图3-14-1所示。

（2）分层施工的楼梯口、楼梯平台和梯段边，应安装防护栏杆；外设楼梯口、楼梯平台和梯段边，还应采用密目式安全立网封闭。

（3）建筑物外围边沿处，应采用密目式安全立网进行全封闭，有外脚手架的工程，密目式安全立网应设置在脚手架外侧立杆上，并与脚手杆紧密连接；没有外脚手架的工程，应采用密目式安全立网将临边全封闭。

（4）施工升降机、龙门架和井架物料提升机等各类垂直运输设备（设施）与建筑物间设置的通道平台两侧边，应设置防护栏杆、挡脚板，并采用密目式安全立网或工具式栏板封闭。

（5）各类垂直运输接料平台口应设置高度不低于1.80m的楼层防护门，并设置防外开装置；多笼井架物料提升机通道中间应分别设置隔离设施。

（二）洞口作业

（1）在洞口作业时，应采取防坠落措施，并符合下列规定：

① 当垂直洞口短边边长小于500mm时，应采取封堵措施；当垂直洞口短边边长大不小于500mm时，应在临空一侧设置高度不小于1.2m的防护栏杆，并采用密目式安全立网或工具式栏板封闭，设置挡脚板。

② 当垂直洞口短边边长为25~500mm时，应采用承载力满足使用要求的盖板覆盖，盖板四周搁置应均衡，且应防止盖板移位。

③ 当垂直洞口短边边长为500~1500mm时，应采用专项设计盖板覆盖，并采取固定措施。

④ 当垂直洞口短边长大于或等于100m时，应在洞口侧面设置高度不小于1.2m的防护栏杆，并采用密目式安全立网或工具式栏板封闭；洞口应采用安全平网封闭。

（2）电梯井口应设置防护门，其高度不应小于1.5m，防护门底端距地面高度不应大于50mm，并设置挡脚板。

（3）在进入电梯安装施工工序之前，井道内应每隔10m且不大于2层加设一道水平安全网。电梯井内的施工层上部应设置隔离防护设施。

（4）施工现场通道附近的洞口、坑、沟、槽、高处临边等危险作业处卫悬挂安全警示标志，夜间应设灯光警示。

（5）边长不大于50mm的洞口所加盖板，应能承受不小于1.1kN/m^2的荷载。

（6）墙面等处落地的竖向洞口、窗台高度低于800mm的竖向洞口及框架结构在浇筑完混凝土没有砌筑墙体时的洞口，应按临边防护要求设置防护栏杆，如图3-14-2所示。

图3-14-1　临边一侧防护栏杆

图3-14-2　洞口防护栏杆

（三）攀登作业

（1）施工组织设计或施工技术方案中应明确施工中使用的登高和攀登设施，人员登高应借助建筑结构或脚手架的上下通道、梯子及其他攀登设施和用具。

（2）攀登作业所用设施和用具的结构构造应牢固可靠；作用在踏步上、踏板上的荷载不应大于1.1kN；当梯面上有特殊作业、重量超过上述荷载时，应按实际情况验算。

（3）不得两人同时在梯子上作业。在通道处使用梯子作业时，应有专人监护或设置围栏。脚手架操作层上不得使用梯子进行作业。

（4）便携式梯子宜采用金属材料或木材制作，并应符合现行国家标准《便携式金属梯安全要求》（GB 12142）和《便携式木梯安全要求》（GB 7059）的规定。

（5）单梯不得垫高使用，使用时应与水平面成 75°，踏步不得缺失，其间距宜为 300mm。当梯子需接长使用时，应有可靠的连接措施，接头不得超过 1 处。连接后梯梁的强度不应低于单梯梯梁的强度。

（6）折梯张开到工作位置的倾角应符合《便携式金属梯安全要求》（GB 12142）和《便携式木梯安全要求》（GB 7059）的有关规定，并应有整体的金属撑杆或可靠的锁定装置。

（7）固定式直梯应采用金属材料制成，并符合《固定式钢梯及平台要求 第 1 部分：钢直梯》（GB 4053.1）的规定：梯子内侧净宽应为 400～600mm，固定直梯的支撑应采用不小于L70×6 的角钢，埋设与焊接应牢固。直梯顶端的踏棍应与攀登的顶面齐平，并应加设 1.05～1.5m 高的扶手。

（8）使用固定式直梯进行攀登作业时，攀登高度宜为 5m，且不超过 10m。当攀登高度超过 3m 时，宜加设护笼；超过 8m 时，应设置梯间平台。

（9）当安装钢柱或钢结构时，应使用梯子或其他登高设施。当钢柱或钢结构接高时，应设置换作平台。当电焊防风要求时，操作平台的防护栏杆高度不应小于 1.2m；有电焊防风要求时，操作平台的防护栏杆高度不应小于 1.8m。

（10）当安装三角形屋架时，应在屋脊处设置上下扶梯；当安装梯形屋架时，应在两端设置上下扶梯，扶梯的踏步间距不应大于 40m。屋架弦杆安装时搭设的操作平台，应设置防护栏杆或用于作业人员拴挂安全带的安全绳。

（11）深基坑施工，应设置扶梯、入坑路步及专用载人设备或斜道等，采用斜道时，应加设间距不大于 400mm 的防滑条等防滑措施。严禁沿坑壁、支撑上下。

（四）悬空作业

（1）构件吊装和管道安装时的悬空作业应符合下列规定：

① 钢结构吊装，构件宜在地面组装，安全设施应并设置。吊装时，应在作业层下方设置一道水平安全网。

② 吊装钢筋混凝土屋架、梁、柱等大型构件前，应在构件上预先设置登高通道、操作立足点等安全设施。

③ 在高空安装大模板、吊装第一块预制构件或单独的大中型预制构件时，应站在作业平台上操作。

④ 当吊装作业利用吊车梁等构件作为水平通道时，临空面的一侧应设置连续的栏杆等防护措施。当采用钢索做安全绳时，钢索的一端应采用花兰螺栓收紧；当采用钢丝绳做安全绳时，绳的自然下垂度不应大于绳长的 1/20，并应控制在 100mm 以内。

⑤ 钢结构安装施工宜在施工层搭设水平通道，水平通道两侧应设置防护栏杆，当利用钢梁作为水平通道时，应在钢梁一侧设置连续的安全绳，安全绳宜采用钢丝绳。

⑥ 钢结构、管道等安装施工的安全防护设施宜采用标准化、定型化产品。严禁在未固定、无防护的构件及安装中的管道上作业或通行。

（2）模板支撑体系搭设和拆卸时的悬空作业，应符合下列规定：

① 模板支撑应按规定的程序进行，不得在连接件和支撑件上攀登上下，不得在上下同一垂直面上装拆模板。

② 在 2m 以上高处搭设与拆除柱模板及悬挑式模板时，应设置操作平台。

③ 在进行高处拆模作业时应配置登高用具或搭设支架。

（3）绑扎钢筋和预应力张拉时的悬空作业应符合下列规定：

① 绑扎立柱和墙体钢筋，不得站在钢筋骨架上或攀登骨架。

② 在 2m 以上的高处绑扎柱钢筋时，应搭设操作平台。

③ 在高处进行预应力张拉时，应搭设有防护挡板的操作平台。

（4）混凝土浇筑与结构施工时的悬空作业应符合下列规定：

① 浇筑高度 2m 以上的混凝土结构构件时，应设置脚手架或操作平台。

② 悬挑的混凝土梁、檐、外墙和边柱等结构施工时，应搭设脚手架或操作平台，并应设置防护栏杆，采用密目式安全立网封闭。

（5）屋面作业应符合下列规定：

① 在坡度大于 1∶2.2 的屋面上作业，当无外脚手架时，应在屋檐边设置不低于 1.5m 高的防护栏杆，并应采用密目式安全立网全封闭。

② 在轻质型材等屋面上作业，应搭设临时走道板，不得在轻质型材上行走。安装压重板前，应采取在梁下支设安全平网或搭设脚手架等安全防护措施。

（6）外墙作业应符合下列规定：

① 门窗作业时，应用防坠落措施，操作人员在无安全防护措施情况下，不得站立在樘子、阳台拦板上作业。

② 高处安装不得使用卒板式单人吊具。

（五）交叉作业

（1）当施工现场立体交叉作业时，下层作业的位置，应处于坠落半径之外，坠落半径见现行行业标准《建筑施工高处作业安全技术规范》（JGJ 80）的规定，见表 3-14-1，模板、脚手架等拆除作业应适当增大坠落半径。当达不到规定时，应设置安全防护棚，下方应设置警戒隔离区。

表 3-14-1　坠落半径　（单位：m）

序号	上层作业高度	坠落半径
1	$2 \leqslant h < 5$	3
2	$5 \leqslant h < 15$	4
3	$15 \leqslant h < 30$	5
4	$h \geqslant 30$	6

（2）施工现场人员进出的通道口、处于起重设备的起重机臂回转范围之内的通道，顶部应搭设防护棚。

（3）操作平台内侧通道的上下方应设置阻挡物体坠落的隔离防护措施。

（4）防护棚的顶棚使用竹笆或胶合板搭设时，应采用双层搭设，间距不应小于 700mm；当使用木板时，可采用单层搭设，木板厚度不应小于 50mm，或可采用与木板等强度的其他材料搭设。防护棚的长度应根据建筑物高度与可能坠落半径确定。

（5）当建筑物高度大于 24m 并采用木板搭设时，应搭设双层防护棚，两层防护棚的间距不应小于 700mm。

第十五章　施工现场临时用电

一、临时用电管理

（一）临时用电组织设计

（1）施工现场临时用电设备在5台及以上或设备总容量在50kW及以上者，应编制用电组织设计。

（2）施工现场临时用电组织设计应包括下列内容：

① 现场勘测。

② 确定电源进线、变电所或配电室、配电装置、用电设备位置及线路走向。

③ 进行负荷计算。

④ 选择变压器。

⑤ 设计配电系统：

a. 设计配电线路，选择导线或电缆。

b. 设计配电装置，选择电气设备。

c. 设计接地装置。

d. 绘制临时用电工程图纸，主要包括用电工程总平面图、配电装置布置图、配电系统接线图、接地装置设计图。

⑥ 设计防雷装置。

⑦ 确定防护措施。

⑧ 制订安全用电措施和电气防火措施。

（3）临时用电工程图纸应单独绘制，临时用电工程应按图施工。

（4）临时用电组织设计及变更时，必须履行“编制、审核、批准”程序，由电气工程技术人员组织编制，经相关部门审核及具有法人资格企业的技术负责人批准后实施。变更用电组织设计时应补充有关图纸资料。

（5）临时用电工程必须经编制、审核、批准部门和使用单位共同验收，合格后方可投入使用。

（6）施工现场临时用电设备在5台以下和设备总容量在50kW以下者，应制订安全用电和电气防火措施，并应符合现行行业标准《施工现场临时用电安全技术规范》（JGJ 46）的规定。

（二）专业人员上岗

（1）电工必须经过按国家现行标准考核合格后，持证上岗工作；其他用电人员必须通过相关安全教育培训和技术交底，考核合格后方可上岗工作。

（2）安装、巡检、维修或拆除临时用电设备和线路，必须由电工完成，并应有人监护。电工等级应与工程的难易程度和技术复杂性相适应。

（3）各类用电人员应掌握安全用电基本知识和所用设备的性能，并应符合下列规定：

① 使用电气设备前必须按规定穿戴好相应的劳动防护用品，并应检查电气装置和保护设施，严禁设备带“缺陷”运转。

② 保管和维护所用设备，发现问题及时报告并解决。

③ 暂时停用设备的开关箱必须分断电源隔离开关，并应关门上锁。

④ 移动电气设备时，必须经电工切断电源并做妥善处理后进行。

（三）外电线路安全防护

现行行业标准《施工现场临时用电安全技术规范》（JGJ 46）规定：

（1）在建工程不得在外电架空线路正下方施工、搭设作业棚、建造生活设施或堆放构件、架具、材料及其他杂物等。

（2）在建工程（含脚手架）的周边与外电架空线路的边线之间的最小安全操作距离应符合表 3-15-1 规定。

表 3-15-1　在建工程（含脚手架）的周边与外电架空线路的边线之间的最小安全操作距离

外电架空线路电压等级（kV）	<1	1～10	35～110	220	330～500
最小安全操作距离（m）	4.0	6.0	8.0	10.0	15.0

注：上下脚手架的斜道不宜设在有外电架空线路的一侧。

（3）施工现场的机动车道与外电架空线路交叉时，架空线路的最低点与路面的最小垂直距离应符合表 3-15-2 规定。

表 3-15-2　施工现场的机动车道与外电架空线路交叉时的最小垂直距离

外电架空线路电压等级（kV）	<1	1～10	35
最小垂直距离（m）	6.0	7.0	7.0

（4）起重机严禁越过无防护设施的外电架空线路作业。在外电架空线路附近吊装时，起重机的任何部位或被吊物边缘在最大偏斜时与架空线路边线的最小安全距离应符合表 3-15-3规定。

表 3-15-3　起重机与外电架空线路边线的最小安全距离

电压（kV）	安全距离（m）	
	沿垂直方向	沿水平方向
<1	1.5	1.5
10	3.0	2.0
35	4.0	3.5
110	5.0	4.0
220	6.0	6.0
330	7.0	7.0
500	8.5	8.5

（5）施工现场开挖沟槽边缘与外电埋地电缆沟槽边缘之间的距离不得小于 0.5m。

（6）当达不到第（1）～（4）条中的规定时，必须采取绝缘隔离防护措施，并应悬挂醒目的警告标志。

架设防护设施时，必须经有关部门批准，采用线路暂时停电或其他可靠的安全技术措施，并应有电气工程技术人员和专职安全人员监护。

防护设施应坚固、稳定，且对外电线路的隔离防护应达到 IP30 级。

国家现行标准《建设工程施工现场供用电安全规范》（GB 50194）外电线路管理规定如下：

（1）施工现场道路设施等与外电架空线路的最小距离应符表 3-15-4 的规定。

表 3-15-4　施工现场道路设施等与外电架空线路的最小距离

类别	距离	外电架空线路电压等级		
		10kV 及以下	220kV 及以下	500kV 及以下
施工道路与外电架空线路	跨越道路时距路面最小垂直距离（m）	7.0	8.0	14.0
	沿道路边敷设时距离路沿最小水平距离（m）	0.5	5.0	8.0
临时建筑物与外电架空线路	最小垂直距离（m）	5.0	8.0	14.0
	最小水平距离（m）	4.0	5.0	8.0
在建工程脚手架与外电架空线路	最小水平距离（m）	7.0	10.0	15.0
各类施工机械外缘与外电架空线路最小距离（m）		2.0	6.0	8.5

（2）当施工现场道路设施等与外电架空线路的最小距离达不到《建设工程施工现场供用电安全规范》（GB 50194）第 7.5.3 条中的规定时，应采取隔离防护措施，防护设施的搭设和拆除应符合下列规定：

① 架设防护设施时，应采用线路暂时停电或其他可靠的安全技术措施，并应有电气专业技术人员和专职安全人员监护。

② 防护设施与外电架空线路之间的安全距离不应小于表 3-15-5 所列数值。

表 3-15-5　防护设施与外电架空线路之间的最小安全距离

外电架空线路电压等级（kV）	≤10	35	110	220	330	500
防护设施与外电架空线路之间的最小安全距离（m）	2.0	3.5	4.0	5.0	6.0	7.0

（四）配电室安全技术措施

（1）配电室应靠近电源，并应设在灰尘少、潮气少、振动小、无腐蚀介质、无易燃易爆物及道路畅通的地方，如图 3-5-1 所示。

（2）成列的配电柜和控制柜两端应与重复接地线及保护零线做电气连接。

（3）配电室和控制室应能自然通风，并应采取防止雨雪侵入和动物进入的措施。

（4）配电室布置应符合下列要求：

① 配电柜正面的操作通道宽度，单列布置或双列背对背布置不小于 1.5m，双列面对面布置不小于 2m。

② 配电柜后面的维护通道宽度，单列布置或双列面对面布置不小于 0.8m，双列背对背布置不小于 1.5m，个别地点有建筑物结构凸出的地方，则此点通道宽度可减少 0.2m。

③ 配电柜侧面的维护通道宽度不小于 1m。

④ 配电室的顶棚与地面的距离不低于3m。

⑤ 配电室内设置值班或检修室时，该室边缘距配电柜的水平距离应大于1m，并采取屏障隔离。

⑥ 配电室内的裸母线与地面垂直距离小于2.5m时，采用遮栏隔离，遮栏下面通道的高度不小于1.9m。

⑦ 配电室围栏上端与其正上方带电部分的净距不小于0.075m。

⑧ 配电装置的上端距顶棚不小于0.5m。

⑨ 配电室内的母线涂刷有色油漆，以标志相序；以柜正面方向为基准，其涂色符合现行标准《施工现场临时用电安全技术规范》(JGJ 46) 规定。

⑩ 配电室的建筑物和构筑物的耐火等级不低于3级，室内配置砂箱和可用于扑灭电气火灾的灭火器。

⑪ 配电室的门向外开，并配锁。

⑫ 配电室的照明分别设置正常照明和事故照明。

(5) 配电柜应装设电能表，并应装设电流表、电压表。电流表与计费电能表不得共用一组电流互感器。

(6) 配电柜应装设电源隔离开关及短路、过载、漏电保护电器。电源隔离开关分断时应有明显可见分断点。

(7) 配电柜应编号，并应有用途标记，如图3-15-2所示。

图3-15-1 配电室的设置

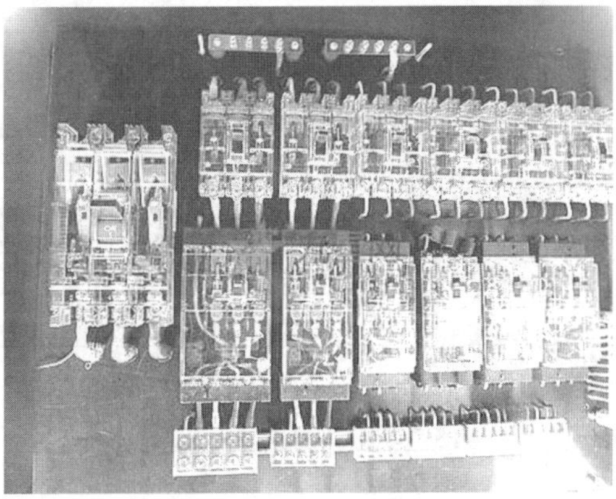

图3-15-2 配电柜编号、标志

(8) 配电柜或配电线路停电维修时，应接地线，并应悬挂“禁止合闸、有人工作”停电标志牌。停送电必须由专人负责。

(9) 配电室应保持整洁，不得堆放任何妨碍操作或维修的杂物。

(五) 架空线路安全防护

(1) 架空线必须采用绝缘导线。

(2) 架空线必须架设在专用电杆上，严禁架设在树木、脚手架及其他设施上。

(3) 架空线导线截面的选择应符合下列要求：

① 导线中的计算负荷电流不大于其长期连续负荷允许载流量。

② 线路末端电压偏移不大于其额定电压的5%。

③ 三相四线制线路的 N 线和 PE 线截面积不小于相线截面积的 50%，单相线路的零线截面积与相线截面积相同。

④ 按机械强度要求，绝缘铜线截面积不小于 $10mm^2$，绝缘铝线截面积不小于 $16mm^2$。

⑤ 在跨越铁路、公路、河流、电力线路挡距内，绝缘铜线截面积不小于 $16mm^2$，绝缘铝线截面积不小于 $25mm^2$。

（4）架空线在一个挡距内，每层导线的接头数不得超过该层导线条数的 50%，且一条导线应只有一个接头。

在跨越铁路、公路、河流、电力线路挡距内，架空线不得有接头。

（5）架空线路相序排列应符合下列规定：

① 动力线、照明线在同一横担上架设时，导线相序排列是，面向负荷从左侧起依次为 L1、N、L2、L3、PE。

② 动力线、照明线在二层横担上分别架设时，导线相序排列是，上层横担面向负荷从左侧起依次为 L1、L2、L3；下层横担面向负荷从左侧起依次为 L1(L2、L3)、N、PE。

（6）架空线路的挡距不得大于 35m。

（7）架空线路的线间距不得小于 0.3m，靠近电杆的两导线的间距不得小于 0.5m。

（8）架空线路与邻近线路或固定物的距离应符合表 3-15-6 的规定。

表 3-15-6　架空线路与邻近线路或固定物的距离

<table>
<tr><th>项目</th><th colspan="7">距离类别</th></tr>
<tr><td rowspan="2">最小净空距离（m）</td><td colspan="2">架空线路的过引线、接下线与邻线</td><td colspan="2">架空线与架空线电杆外缘</td><td colspan="3">架空线与摆动最大时树梢</td></tr>
<tr><td colspan="2">0.13</td><td colspan="2">0.05</td><td colspan="3">0.50</td></tr>
<tr><td rowspan="3">最小垂直距离（m）</td><td rowspan="2">架空线同杆架设下方的通信、广播线路</td><td colspan="3">架空线最大弧垂与地面</td><td rowspan="2">架空线最大弧垂与暂设工程顶端</td><td colspan="2">架空线与邻近电力线路交叉</td></tr>
<tr><td>施工现场</td><td>机动车道</td><td>铁路轨道</td><td>1kV 以下</td><td>1～10kV</td></tr>
<tr><td>1.0</td><td>4.0</td><td>6.0</td><td>7.5</td><td>2.5</td><td>1.2</td><td>2.5</td></tr>
<tr><td rowspan="2">最小水平距离（m）</td><td colspan="2">架空线电杆与路基边缘</td><td colspan="2">架空线电杆与铁路轨道边缘</td><td colspan="3">架空线边线与建筑物凸出部分</td></tr>
<tr><td colspan="2">1.0</td><td colspan="2">杆高 +3.0</td><td colspan="3">1.0</td></tr>
</table>

（9）架空线路宜采用钢筋混凝土杆或木杆。钢筋混凝土杆不得有露筋、宽度大于 0.4mm 的裂纹和扭曲；木杆不得腐朽，其梢径不应小于 140mm。

（10）电杆埋设深度宜为杆长的 1/10 加 0.6m，回填土应分层夯实。在松软土质处宜加大埋入深度或采用卡盘等加固。

（11）架空线路必须有短路保护。

采用熔断器做短路保护时，其熔体额定电流不应大于明敷绝缘导线长期连续负荷允许载流量的 1.5 倍。

采用断路器做短路保护时，其瞬动过流脱扣器脱扣电流整定值应小于线路末端单相短路电流。

（12）架空线路必须有过载保护。

采用熔断器或断路器做过载保护时，绝缘导线长期连续负荷允许载流量不应小于熔断器熔体额定电流或断路器长延时过流脱扣器脱扣电流整定值的 1.25 倍。

（六）电缆线路

（1）电缆中必须包含全部工作芯线和用作保护零线或保护线的芯线。需要三相四线制配电的电缆线路必须采用五芯电缆。

五芯电缆必须包含淡蓝、绿/黄两种颜色绝缘芯线。淡蓝色芯线必须用作 N 线；绿/黄双色芯线必须用作 PE 线，严禁混用。

（2）电缆截面的选择应符合现行行业标准《施工现场临时用电安全技术规范》（JGJ 46）的规定，根据其长期连续负荷允许载流量和允许电压偏移确定。

（3）电缆线路应埋地或架空敷设，严禁沿地面明设，并应避免机械损伤和介质腐蚀。埋地电缆路径应设方位标志。

（4）电缆类型应根据敷设方式、环境条件选择。埋地敷设宜选用铠装电缆；当选用无铠装电缆时，应能防水、防腐。架空敷设宜选用无铠装电缆。

（5）电缆直接埋地敷设的深度不应小于 0.7m，并应在电缆紧邻上、下、左、右侧均匀敷设不小于 50mm 厚的细砂，然后覆盖砖或混凝土板等硬质保护层。

（6）埋地电缆在穿越建筑物、构筑物、道路、易受机械损伤场所、介质腐蚀场所及引出地面从 2.0m 高到地下 0.2m 处，必须加设防护套管，防护套管内径不应小于电缆外径的 1.5 倍。

（7）埋地电缆与其附近外电电缆和管沟的平行间距不得小于 2m，交叉间距不得小于 1m。

（8）埋地电缆的接头应设在地面上的接线盒内，接线盒应能防水、防尘、防机械损伤，并应远离易燃、易爆、易腐蚀场所。

（9）架空电缆应沿电杆、支架或墙壁敷设，并采用绝缘子固定，绑扎线必须采用绝缘线，固定点间距应保证电缆能承受自重所带来的荷载，敷设高度应符合现行行业标准《施工现场临时用电安全技术规范》（JGJ 46）架空线路敷设高度的要求，但沿墙壁敷设时最大弧垂距地不得小于 2.0m。

架空电缆严禁沿脚手架、树木或其他设施敷设。

（10）在建工程的电缆线路必须采用电缆埋地引入，严禁穿越脚手架引入。电缆垂直敷设应充分利用在建工程的竖井、垂直孔洞等，并宜靠近用电负荷中心，固定点每楼层不得少于一处。电缆水平敷设宜沿墙或门口刚性固定，最大弧垂距地不得小于 2.0m。

装饰装修工程或其他特殊阶段，应补充编制单项施工用电方案。电源线可沿墙角、地面敷设，但应采取防机械损伤和电火措施。

（11）电缆线路必须有短路保护和过载保护装置，短路保护和过载保护电器与电缆的选配应符合现行行业标准《施工现场临时用电安全技术规范》（JGJ 46）的规定。

现行国家标准《建设工程施工现场供用电安全规范》（GB 50194）电缆线路管理相关规定如下。

① 施工现场配电线路路径选择应符合下列规定：

a. 应结合施工现场规划及布局，在满足安全要求的条件下方便线路敷设、接引及维护。

b. 应避开过热、腐蚀以及储存易燃、易爆物的仓库等影响线路安全运行的区域。

c. 宜避开易遭受机械性外力的交通、吊装、挖掘作业频繁场所，以及河道、低洼、易受雨水冲刷的地段。

d. 应跨越在建工程、脚手架、临时建筑物。

② 配电线路的敷设方式应符合下列规定：

a. 应根据施工现场环境特点，以满足线路安全运行、便于维护和拆除的原则来选择，敷设方式应能避免受到机械性损伤或其他损伤。

b. 供用电电缆可采用架空、直埋、沿支架等方式进行敷设。

c. 不应敷设在树木上或直接绑挂在金属构架和金属脚手架上。

d. 不应接触潮湿地面或接近热源。

③ 直埋线路宜采用有外护层的铠装电缆，芯线绝缘层标志应符合规范规定。

④ 直埋敷设的电缆线路应符合下列规定：

a. 在地下管网较多、频繁开挖的地段不宜直埋。

b. 应埋电缆沿道路或建筑物边缘埋设，并宜沿直线敷设，直线段每隔 20m 处、转弯处和中间接头处应设电缆走向标志桩。

c. 电缆直埋时，其表面距地面的距离不宜小于 0.7m。电缆上、下、左、右侧应铺以软土或砂土，其厚度及宽度不得小于 100mm，上部应覆盖硬质保护层。直埋敷设于冻土地区时，电缆宜埋入冻土层以下，当无法深埋时可在土壤排水性好的干燥冻土层或回填土中埋设。

d. 应埋电缆的中间接头宜采用热缩或冷缩工艺，接头处应采取防水措施，并应绝缘良好。中间接头不得浸泡在水中。

e. 直埋电缆在穿越建筑物、构筑物、道路，易受机械损伤场所、腐蚀介质场所及引出地面 2.0m 高至地下 0.2m 处，应加设防护套管。防护套管应固定牢固，端口应有防止电缆损伤的措施，其内径不应小于电缆外径的 1.5 倍。

f. 宜埋电缆与外电线路电缆、其他管道、道路、建筑物等之间平行和交叉时的最小距离应符合表 3-15-7 的规定，当距离不能满足该表的要求时，应采取穿管、隔离等防护措施。

表 3-15-7 宜埋电缆与外电线路电缆、其他管道、道路、建筑物之间平行和交叉时的最小距离

电缆直埋敷设时的配置情况		平行	交叉
施工现场电缆与外电线路电缆（m）		0.5	0.5
电缆与地下管沟	热力管沟（m）	2.0	0.5
	油管及易（可）燃气管道（m）	1.0	0.5
	其他管道（m）	0.5	0.5
电缆与建筑物基础		躲开散水宽度	—
电缆与道路边、树木主干、1kV 以下架空线电杆（m）		1.0	—
电缆与 1kV 以上架空线杆塔基础（m）		4.0	—

⑤ 以支架方式敷设的电缆线路应符合下列规定：

a. 当电缆敷设在金属支架上时，金属支架应可靠接地。

b. 固定点间距应保证电缆能承受自重及风雪等带来的荷载。

c. 电缆线路应固定牢固，绑扎线应使用绝缘材料。

d. 沿构筑物、建筑物水平敷设的电缆线路，距地面高度不宜小于 2.5m。

e. 垂直引上敷设的电缆线路，固定点每楼层不得少于 1 处。

⑥ 沿墙面或地面敷设电缆线路应符合下列规定：

a. 电缆线路宜敷设在人不易触及的地方。

b. 电缆线路敷设路径应有醒目的警告标志，如图 3-15-3 所示。

图 3-15-3　电缆上部警示标志

c. 沿地面明敷的电缆线路应沿建筑物墙体根部敷设，穿越道路或其他易受机械损伤的区域，应采取防机械损伤的措施，周围环境应保持干燥，如图 3-15-4 所示。

d. 在电缆敷设路径附近，当有产生明火的作业时，应采取防止火花损伤电缆的措施。

⑦ 临时设施的室内配线应符合下列规定：

a. 室内配线在穿过楼板或墙壁时应用绝缘保护管保护。

b. 明敷线路应采用护套绝缘电缆或导线，且应固定牢固，塑料护套线不应直接埋入抹灰层内敷设。

c. 当采用无护套绝缘导线时应穿管或线槽敷设。

(a)电缆沿墙角敷设(一)　　(a)电缆沿墙角敷设(二)

图 3-15-4　电缆敷设

（七）配电箱及开关箱的设置

（1）配电系统应设置配电柜或总配电箱、分配电箱、开关箱，实行三级配电。如图 3-15-5 所示。

配电系统宜使三相负荷平衡。220V/380V 单相用电设备宜接入 220V/380V 三相四线系统；当单相照明线路电流大于 30A 时，宜采用 220V/380V 三相四线制供电。

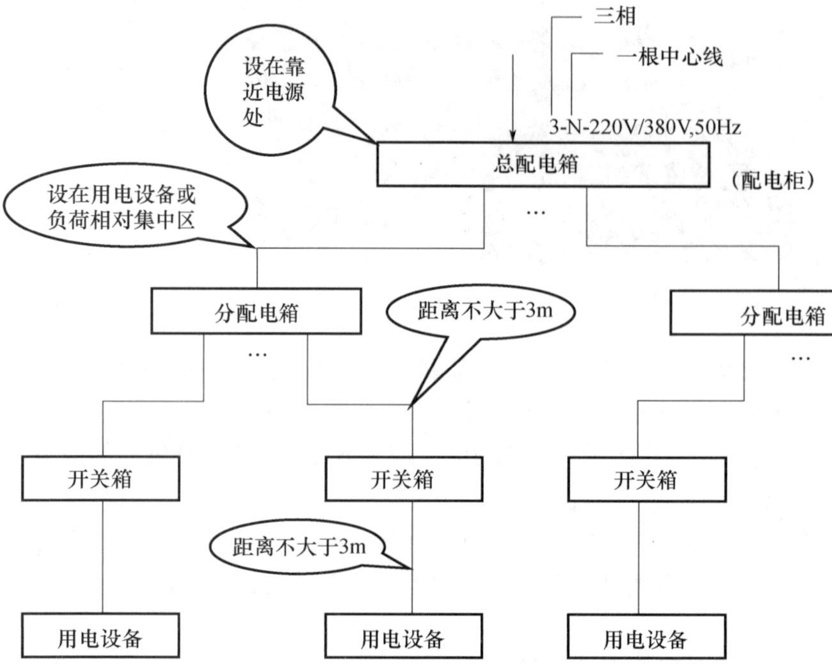

(a)三级配电系统结构形式示意图（放射式配电）

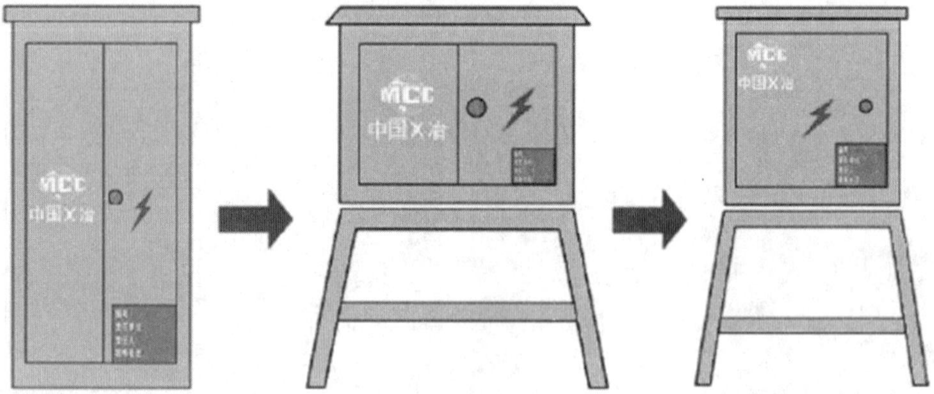

总配电箱　　分配电箱　　开关箱

(b)配电箱示意图

图 3-15-5　三级配电系统

室内配电柜的设置应符合现行行业标准《施工现场临时用电安全技术规范》（JGJ 46）的规定。

（2）总配电箱以下可设若干分配电箱；分配电箱以下可设若干开关箱。

总配电箱应设在靠近电源的区域，分配电箱应设在用电设备或负荷相对集中的区域，分配电箱与开关箱的距离不得超过30m，开关箱与其控制的固定式用电设备的水平距离不宜超过3m。

（3）每台用电设备必须有各自专用的开关箱，严禁用同一个开关箱直接控制2台及2台以上用电设备（含插座）。

（4）动力配电箱与照明配电箱宜分别设置。当合并设置为同一配电箱时，动力和照明应分路配电；动力开关箱与照明开关箱必须分设。

（5）配电箱、开关箱应装设在干燥、通风及常温场所，不得装设在有严重损伤作用的瓦斯、烟气、潮气及其他有害介质中，也不得装设在易受外来硬物撞击、强烈振动、液体浸溅及热源烘烤场所，否则，应予清除或做防护处理。

（6）配电箱、开关箱周围应有足够2人同时工作的空间和通道，不得堆放任何妨碍操作、维修的物品，不得有灌木、杂草等。

（7）配电箱、开关箱应采用冷轧钢板或阻燃绝缘材料制作，钢板厚度应为1.2～2.0mm，其中开关箱箱体钢板厚度不得小于1.2mm，配电箱箱体钢板厚度不得小于1.5mm，箱体表面应做防腐处理。

（8）配电箱、开关箱应装设端正、牢固。固定式配电箱、开关箱的中心点与地面的垂直距离应为1.4～1.6m，如图3-15-6所示。

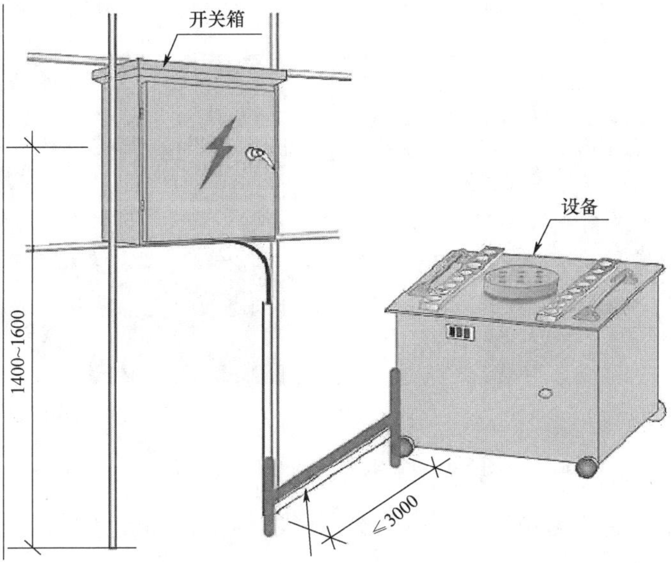

图3-15-6　配电箱间距要求（单位：mm）

注：设备开关箱与其控制的固定用电设备的水平距离不宜超过300mm

（9）配电箱、开关箱内的电器（含插座）应先安装在金属或非木质阻燃绝缘电器安装板上，然后方可整体紧固在配电箱、开关箱箱体内，如图3-15-7所示。

金属电器安装板与金属箱体应做电气连接。

（10）配电箱、开关箱内的电器（含插座）应按其规定位置紧固在电器安装板上，不得歪斜或松动。

（11）配电箱的电器安装板上必须分设 N 线端子板和 PE 线端子板。N 线端子板必须与金属电器安装板绝缘；PE 线端子板必须与金属电器安装板做电气连接，如图 3-15-8 所示。

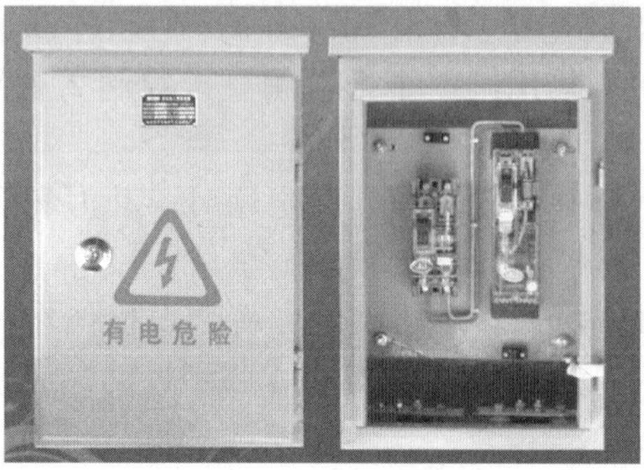

图 3-15-7　专用开关箱

图 3-15-8　PE 线端子板与 PE 线连接

（12）配电箱、开关箱内的连接线必须采用铜芯绝缘导线。绝缘导线的颜色标志应根据现行行业标准《施工现场临时用电安全技术规范》（JGJ 46）中第 5. 1. 11 条要求配置并排列整齐；导线分支接头不得采用螺栓压接，应采用焊接并做绝缘包扎，不得有外露带电部分。

（13）配电箱、开关箱的金属箱体、金属电器安装板以及电器正常不带电的金属底座、外壳等必须通过 PE 线端子板与 PE 线做电气连接，金属箱门与金属箱体必须通过采用编织软铜线做电气连接，如图 3-15-9 所示。

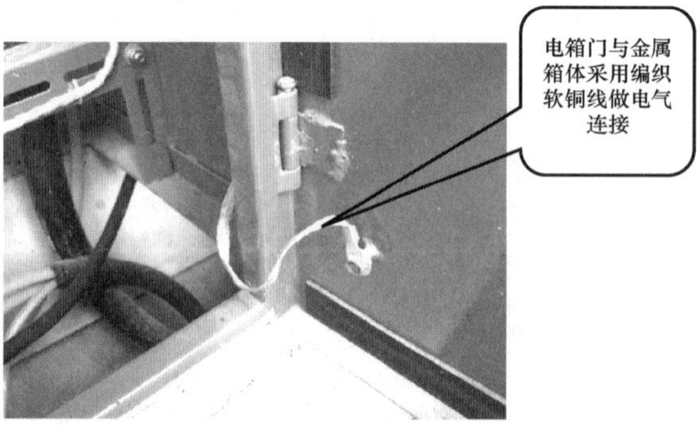

(a) 电箱门箱体连接 (一)

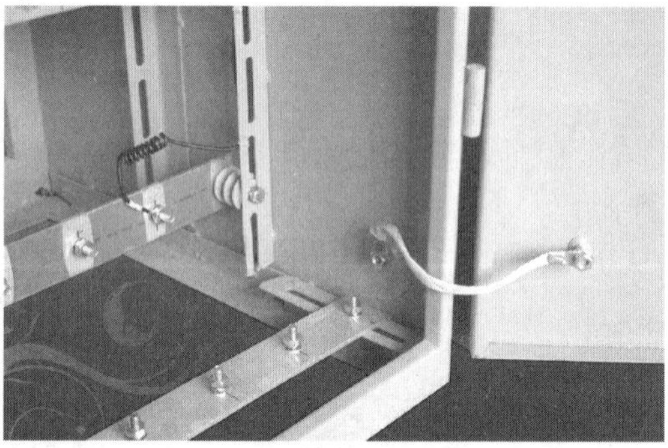

(b) 电箱门箱体连接 (二)

图 3-15-9　电箱门与箱体的连接

（14）配电箱、开关箱的箱体尺寸应与箱内电器的数量和尺寸相适应，箱内电器安装尺寸可按照表 3-15-8 确定。

表 3-15-8　配电箱、开关箱内电器安装尺寸选择值

间距名称	最小净距（m）
并列电器（含单极熔断器）间	30
电器进出线瓷管（塑胶管）孔与电器边沿间	30（15A） 50（20～30A） 80（60A 及以上）

续表

间距名称	最小净距（m）
上下排电器进出线瓷管（塑胶管）孔间	25
电器进出线瓷管（塑胶管）孔至板边	40
电器至板边	40

（15）配电箱、开关箱中导线的进线口和出线口应设在箱体的下底面。

（16）配电箱、开关箱的进出线口应配置固定线卡，进出线应加绝缘护套并成束卡在箱体上，不得与箱体直接接触。移动式配电箱、开关箱的进出线应采用橡皮护套绝缘电缆，不得有接头。

（17）配电箱、开关箱的外形结构应能防雨、防尘。

（八）档案管理

（1）施工现场临时用电必须建立安全技术档案，并应包括下列内容：

① 用电组织设计的全部资料。

② 修改用电组织设计的资料。

③ 用电技术交底资料。

④ 用电工程检查验收表。

⑤ 电气设备的试验、检验凭单和调试记录。

⑥ 接地电阻、绝缘电阻和漏电保护器漏电动作参数测定记录表。

⑦ 定期检（复）查表。

⑧ 电工安装、巡检、维修、拆除工作记录。

（2）安全技术档案应由主管该现场的电气技术人员负责建立与管理。其中“电工安装、巡检、维修、拆除工作记录”可指定电工代管，每周由项目经理审核认可，并应在临时用电工程拆除后统一归档。

（3）临时用电工程应定期检查。定期检查时，应复查接地电阻值和绝缘电阻值。

（4）临时用电工程定期检查应按分部、分项工程进行，对安全隐患必须及时处理，并应履行复查验收手续。

二、建筑机械用电安全

1. 一般规定

（1）施工现场中电动建筑机械和手持式电动工具的选购、使用、检查和维修应遵守下列规定：

① 选购的电动建筑机械、手持式电动工具及其用电安全装置符合相应的国家现行有关强制性标准的规定，且具有产品合格证和使用说明书。

② 建立和执行专人专机负责制，并定期检查和维修保养。

③ 接地应符合现行行业标准《施工现场临时用电安全技术规范》（JGJ 46）要求，运行时产生振动设备的金属基座、外壳与 PE 线的连接点不少于 2 处。

④ 漏电保护符合现行行业标准 JGJ 46 要求。

⑤ 按使用说明书使用、检查、维修。

（2）塔式起重机、外用电梯、滑升模板的金属操作平台及需要设置避雷装置的物料提升机，除应连接 PE 线外，还应做重复接地。设备的金属结构构件之间应保证电气连接。

（3）手持式电动工具中的塑料外壳Ⅱ类工具和一般场所手持式电动工具中的Ⅲ类工具可不连接 PE 线。

（4）电动建筑机械和手持式电动工具的负荷线应按其计算负荷选用无接头的橡皮护套铜芯软电缆，其性能应符合现行国家标准《额定电压 450/750V 及以下橡皮绝缘电缆》（GB 5013）中第 1 部分（一般要求）和第 4 部分（软线和软电缆）的要求；其截面可按本规范附录 C 选配。

电缆芯线数应根据负荷及其控制电器的相数和线数确定：三相四线时，应选用五芯电缆；三相三线时，应选用四芯电缆；当三相用电设备中配置有单相用电器具时，应选用五芯电缆；单相二线时，应选用三芯电缆。

电缆芯线应符合现行行业标准 JGJ 46 规范中第 7.2.1 条规定，其中 PE 线应采用绿/黄双色绝缘导线。

（5）每一台电动建筑机械或手持式电动工具的开关箱内，除应装设过载、短路、漏电保护电器外，还应根据现行行业标准 JGJ 46 要求，装设隔离开关或具有可见分断点的断路器，以及按照要求装设控制装置。正、反向运转控制装置中的控制电器应采用接触器、继电器等自动控制电器，不得采用手动双向转换开关作为控制电器。电器规格可根据现行行业标准 JGJ 46 的规定选配。

2. 起重机械用电安全技术措施

（1）塔式起重机的电气设备应符合现行国家标准《塔式起重机安全规程》（GB 5144）中的要求。

（2）塔式起重机应根据现行行业标准 JGJ 46 中的要求做重复接地和防雷接地。轨道式塔式起重机接地装置的设置应符合下列要求：

① 轨道两端各设一组接地装置。

② 轨道的接头处做电气连接，两条轨道端部做环形电气连接。

③ 较长轨道每隔不大于 30m 加一组接地装置。

（3）塔式起重机与外电线路的安全距离应符合现行行业标准 JGJ 46 中的要求。

（4）轨道式塔式起重机的电缆不得拖地行走。

（5）需要夜间工作的塔式起重机，应设置正对工作面的投光灯。

（6）塔身高于 30m 的塔式起重机，应在塔顶和臂架端部设红色信号灯。

（7）在强电磁波源附近工作的塔式起重机，操作人员应戴绝缘手套和穿绝缘鞋，并应在吊钩与机体间采取绝缘隔离措施，或在吊钩吊装地面物体时，在吊钩上挂接临时接地装置。

（8）外用电梯梯笼内外均应安装紧急停止开关。

（9）外用电梯和物料提升机的上下极限位置应设置限位开关。

（10）外用电梯和物料提升机在每日工作前必须对行程开关、限位开关、紧急停止开关、驱动机构和制动器等进行空载检查，正常后方可使用。检查时必须有防坠落措施。

3. 桩工机械用电安全技术措施

（1）潜水式钻孔机电机的密封性能应符合现行国家标准《外壳防护等级（IP 代码）》（GB 4208）中的 IP68 级的规定。

（2）潜水电机的负荷线应采用防水橡皮护套铜芯软电缆，长度不应小于 1.5m，且不得承受外力。

（3）潜水式钻孔机开关箱中的漏电保护器必须符合现行行业标准 JGJ 46 中第 8. 2. 10 条对潮湿场所选用漏电保护器的要求。

4. 夯土机械用电安全技术措施

（1）夯土机械开关箱中的漏电保护器必须符合现行行业标准 JGJ 46 中第 8. 2. 10 条对潮湿场所选用漏电保护器的要求。

（2）夯土机械 PE 线的连接点不得少于 2 处。

（3）夯土机械的负荷线应采用耐气候型橡皮护套铜芯软电缆。

（4）使用夯土机械操作者必须按规定穿戴绝缘用品，使用过程应有专人调整电缆，电缆长度不应大于 50m。电缆严禁缠绕、扭结和被夯土机械跨越。

（5）多台夯土机械并列工作时，其间距不得小于 5m；前后工作时，其间距不得小于 10m。

（6）夯土机械的操作扶手必须绝缘。

5. 焊接机械用电安全技术措施

（1）电焊机械应放置在防雨、干燥和通风良好的地方。焊接现场不得有易燃、易爆物品。

（2）交流弧焊机变压器的一次侧电源线长度不应大于 5m，其电源进线处必须设置防护罩。发电机式直流电焊机的换向器应经常检查和维护，应消除可能产生的异常电火花。

（3）电焊机械开关箱中的漏电保护器必须符合现行行业标准 JGJ 46 规范中第 8. 2. 10 条的要求。交流电焊机械应配装防二次侧漏电保护器。

（4）电焊机械的二次线应采用防水橡皮护套铜芯软电缆，电缆长度不应大于 30m，不得采用金属构件或结构钢筋代替二次线的地线。

（5）使用电焊机械焊接时必须穿戴防护用品。严禁露天冒雨从事电焊作业。

6. 手持式电动工具用电安全技术措施

（1）空气湿度小于 75% 的一般场所可选用Ⅰ类或Ⅱ类手持式电动工具，其金属外壳与 PE 线的连接点不得少于 2 处；除塑料外壳Ⅱ类工具外，相关开关箱中漏电保护器的额定漏电动作电流不应大于 15mA，额定漏电动作时间不应大于 0. 1s，其负荷线插头应具备专用的保护触头。所用插座和插头在结构上应保持一致，避免导电触头和保护触头混用。

（2）在潮湿场所或金属构架上操作时，必须选用Ⅱ类或由安全隔离变压器供电的Ⅲ类手持式电动工具。金属外壳Ⅱ类手持式电动工具使用时，必须符合现行行业标准 JGJ 46 第 9. 6. 1 条要求；其开关箱和控制箱应设置在作业场所外面。在潮湿场所或金属构架上严禁使用Ⅰ类手持式电动工具。

（3）狭窄场所必须选用由安全隔离变压器供电的Ⅲ类手持式电动工具，其开关箱和安全隔离变压器均应设置在狭窄场所外面，并连接 PE 线。漏电保护器的选择应符合本规范（JGJ 46）第 8. 2. 10 条使用于潮湿或有腐蚀介质场所漏电保护器的要求。操作过程中，应有人在外面监护。

（4）手持式电动工具的负荷线应采用耐候型的橡皮护套铜芯软电缆，并不得有接头。

（5）手持式电动工具的外壳、手柄、插头、开关、负荷线等必须完好无损，使用前必须做绝缘检查和空载检查，在绝缘合格、空载运转正常后方可使用。手持式电动工具绝缘电阻限值不应小于表 3-15-9 规定的数值。

表 3-15-9 手持式电动工具绝缘电阻限值

测量部位	绝缘电阻（MΩ）		
	Ⅰ类	Ⅱ类	Ⅲ类
带电零件与外壳之间	2	7	1

注：绝缘电阻用500V兆欧表测量。

（6）使用手持式电动工具时，必须按规定穿戴绝缘防护用品。

三、施工现场照明安全防护

1. 现场照明

（1）在坑、洞、井内作业，夜间施工，厂房、道路、仓库、办公室、食堂、宿舍、料具堆放场及自然采光差等场所，应设一般照明、局部照明或混合照明。

在一个工作场所内，不得只设局部照明。

停电后，操作人员需及时撤离的施工现场，必须装设自备电源的应急照明。

（2）现场照明应采用高光效、长寿命的照明光源。对需大面积照明的场所，应采用高压汞灯、高压钠灯或混光用的卤钨灯等。

（3）照明器的选择必须按下列环境条件确定：

① 正常湿度一般场所，选用开启式照明器。

② 潮湿或特别潮湿场所，选用密闭型防水照明器或配有防水灯头的开启式照明器。

③ 含有大量尘埃但无爆炸和火灾危险的场所，选用防尘型照明器。

④ 有爆炸和火灾危险的场所，按危险场所等级选用防爆型照明器。

⑤ 存在较强振动的场所，选用防振型照明器。

⑥ 有酸碱等强腐蚀介质场所，选用耐酸碱型照明器。

（4）照明器具和器材的质量应符合国家现行有关强制性标准的规定，不得使用绝缘老化或破损的器具和器材。

（5）无自然采光的地下大空间施工场所，应编制单项照明用电方案。

2. 照明供电

（1）一般场所宜选用额定电压为220V的照明器。

（2）下列特殊场所应使用安全特低电压照明器：

① 隧道、人防工程、高温、有导电灰尘、比较潮湿或灯具离地面高度低于2.5m等场所的照明，电源电压不应大于36V。

② 潮湿和易触及带电体场所的照明，电源电压不得大于24V。

③ 特别潮湿场所、导电良好的地面、锅炉或金属容器内的照明，电源电压不得大于12V。

（3）使用行灯应符合下列要求：

① 电源电压不大于36V。

② 灯体与手柄应坚固、绝缘良好并耐热耐潮湿。

③ 灯头与灯体结合牢固，灯头无开关。

④ 灯泡外部有金属保护网。

⑤ 金属网、反光罩、悬吊挂钩固定在灯具的绝缘部位上。

（4）远离电源的小面积工作场地、道路照明、警卫照明或额定电压为 12 ~ 36V 照明的场所，其电压允许偏移值为额定电压值的 -10% ~5%；其余场所电压允许偏移值为额定电压值的 ±5%。

（5）照明变压器必须使用双绕组型安全隔离变压器，严禁使用自耦变压器。

（6）照明系统宜使三相负荷平衡，其中每一单相回路上，灯具和插座数量不宜超过 25 个，且负荷电流不宜超过 15A。

（7）携带式变压器的一次侧电源线应采用橡皮护套或塑料护套铜芯软电缆，中间不得有接头，长度不宜超过 3m，其中绿/黄双色线只可作 PE 线使用，电源插销应有保护触头。

（8）工作零线截面应按下列规定选择：

① 单相二线及二相二线的线路中，零线截面积与相线截面积相同。

② 三相四线制线路中，当照明器为白炽灯时，零线截面积不小于相线截面积的 50%；当照明器为气体放电灯时，零线截面积按最大负载相的电流选择。

③ 在逐相切断的三相照明电路中，零线截面与最大负载相相线截面相同。

（9）室内、室外照明线路的敷设应符合现行行业标准 JGJ 46 中第 7 章的要求。

3. 照明装置使用

（1）照明灯具的金属外壳必须与 PE 线相连接，照明开关箱内必须装设隔离开关、短路与过载保护电器和漏电保护器，并应符合现行行业标准 JGJ 46 中的规定。

（2）室外 220V 灯具距地面不得低于 3m，室内 220V 灯具距地面不得低于 2. 5m。

普通灯具与易燃物距离不宜小于 300mm；聚光灯、碘钨灯等高热灯具与易燃物距离不宜小于 500mm，且不得直接照射易燃物。达不到规定安全距离时，应采取隔热措施。

（3）路灯的每个灯具应单独装设熔断器保护。灯头线应做防水弯。

（4）荧光灯管应采用管座固定或用吊链悬挂。荧光灯的镇流器不得安装在易燃的结构物上。

（5）碘钨灯及钠、铊、铟等金属卤化物灯的安装高度宜在 3m 以上，灯线应固定在接线柱上，不得靠近灯具表面。

（6）投光灯的底座应安装牢固，应按需要的光轴方向将枢轴拧紧固定。

（7）螺口灯头及其接线应符合下列要求：

① 灯头的绝缘外壳无损伤、无漏电。

② 相线接在与中心触头相连的一端，零线接在与螺纹口相连的一端。

（8）灯具内的接线必须牢固，灯具外的接线必须做可靠的防水绝缘包扎。

（9）暂设工程的照明灯具宜采用拉线开关控制，开关安装位置宜符合下列要求：

① 拉线开关距地面高度为 2 ~3m，与出入口的水平距离为 0. 15 ~0. 2m，拉线的出口向下。

② 其他开关距地面高度为 1. 3m，与出入口的水平距离为 0. 15 ~0. 2m。

（10）灯具的相线必须经开关控制，不得将相线直接引入灯具。

（11）对夜间影响飞机或车辆通行的在建工程及机械设备，必须设置醒目的红色信号灯，其电源应设在施工现场总电源开关的前侧，并应设置外电线路停止供电时的应急自备电源。

现行国家标准《建设工程施工现场供用电安全规范》（GB 50194）照明设备相关规定：

① 照明灯具应根据施工现场环境条件设计并应选用防水型、防尘型、防爆型灯具。

② 行灯应采用Ⅲ类灯具，采用安全特低电压系统（SELV），其额定电压值不应超过24V。

③ 行灯灯体及手柄绝缘应良好、坚固、耐热、耐潮湿，灯头与灯体应结合紧固，灯泡外部应有金属保护网、反光罩及悬吊挂钩，挂钩应固定在灯具的绝缘手柄上。

④ 严禁利用额定电压220V的临时照明灯具作为行灯使用。

特殊场所应使用安全特低电压系统（SELV）供电的照明装置，且电源电压应符合下列规定：

A. 下列特殊场所的安全特低电压系统照明电源电压不应大于24V：

a. 金属结构构架场所。

b. 隧道、人防等地下空间。

c. 有导电粉尘、腐蚀介质、蒸汽及高温炎热的场所。

B. 下列特殊场所的特低电压系统照明电源电压不应大于12V：

a. 相对湿度长期处于95%以上的潮湿场所。

b. 导电良好的地面、狭窄的导电场所。

⑤ 行灯变压器严禁带入金属容器或金属管道内使用。

第十六章　消防安全管理

一、基本规定

1. 施工单位消防责任

（1）施工现场的消防安全管理应由施工单位负责。

实行施工总承包时，应由总承包单位负责。分包单位应向总承包单位负责，并应服从总承包单位的管理，同时应承担国家法律法规规定的消防责任和义务。

（2）施工单位应根据建设项目规模、现场消防安全管理的重点，在施工现场建立消防安全管理组织机构及义务消防组织，并应确定消防安全负责人和消防安全管理人员，同时应落实相关人员的消防安全管理责任。

2. 消防安全管理制度

施工单位应针对施工现场可能导致火灾发生的施工作业及其他活动，制订消防安全管理制度。消防安全管理制度应包括下列主要内容：

（1）消防安全教育与培训制度。

（2）可燃及易燃易爆危险品管理制度。

（3）用火、用电、用气管理制度。

（4）消防安全检查制度。

（5）应急预案演练制度。

3. 防火技术方案

施工单位应编制施工现场防火技术方案，并应根据现场情况变化及时修改、完善。防火技术方案应包括下列主要内容：

（1）施工现场重大火灾危险源辨识。

（2）施工现场防火技术措施。

（3）临时消防设施、临时疏散设施配备。

（4）临时消防设施和消防警示标志布置图。

4. 应急疏散预案

施工单位应编制施工现场灭火及应急疏散预案。灭火及应急疏散预案应包括下列主要内容：

（1）应急灭火处置机构及各级人员应急处置职责。

（2）报警、接警处置的程序和通信联络方式。

（3）扑救初起火灾的程序和措施。

（4）应急疏散及救援的程序和措施。

5. 消防安全教育

施工人员进场时，施工现场的消防安全管理人员应向施工人员进行消防安全教育和培训。消防安全教育和培训应包括下列内容：

（1）施工现场消防安全管理制度、防火技术方案、灭火及应急疏散预案的主要内容。

（2）施工现场临时消防设施的性能及使用、维护方法。

（3）扑灭初起火灾及自救逃生的知识和技能。

（4）报警、接警的程序和方法。

6. 消防安全技术交底

施工作业前，施工现场的施工管理人员应向作业人员进行消防安全技术交底。消防安全技术交底应包括下列主要内容：

（1）施工过程中可能发生火灾的部位或环节。

（2）施工过程应采取的防火措施及应配备的临时消防设施。

（3）初起火灾的扑救方法及注意事项。

（4）逃生方法及路线。

7. 消防检查

施工过程中，施工现场的消防安全负责人应定期组织消防安全管理人员对施工现场的消防安全进行检查。消防安全检查应包括下列主要内容：

（1）可燃物及易燃易爆危险品的管理是否落实。

（2）动火作业的防火措施是否落实。

（3）用火、用电、用气是否存在违章操作，电气焊及保温防水施工是否执行操作规程。

（4）临时消防设施是否完好有效。

（5）临时消防车道及临时疏散设施是否畅通。

施工单位应依据灭火及应急疏散预案，定期开展灭火及应急疏散演练。

施工单位应做好并保存施工现场消防安全管理的相关文件和记录，并应建立现场消防安全管理档案。

二、消防安全职责

1. 项目经理责任

“法人单位的法定代表人和非法人单位的主要负责人是单位的消防安全责任人，对本单位的消防安全工作全面负责”。(《机关、团体、企业、事业单位消防安全管理规定》第四条)

(1) 项目经理是施工项目消防安全责任人，对本单位的消防安全工作全面负责：应依法履行责任，保障消防投入，切实在检查消除火灾隐患、组织扑救初起火灾、组织人员疏散逃生和消防宣传教育培训等方面提升能力。

(2) 施工现场确保消防设施完好有效；不得埋压、圈占、损坏消防设施。

(3) 要保障疏散通道、安全出口和应急通道畅通。

(4) 要落实每日防火巡查检查制度，及时发现和消除火灾隐患。

(5) 组织开展针对性消防安全培训和应急演练。

2. 项目消防安全管理人职责

单位可以根据需要确定本单位的消防安全管理人。消防安全管理人对单位的消防安全责任人负责，实施和组织落实消防安全管理工作。(《机关、团体、企业、事业单位消防安全管理规定》第七条)

(1) 拟订年度消防工作计划，组织实施日常消防安全管理工作。

(2) 组织制订消防安全制度和保障消防安全的操作规程并检查督促其落实。

(3) 拟订消防安全工作的资金投入和组织保障方案。

(4) 组织实施防火检查和火灾隐患整改工作。

(5) 组织实施对本项目消防设施、灭火器材和消防安全标志的维护保养，确保其完好有效，确保疏散通道和安全出口畅通。

(6) 组织管理义务消防队。

(7) 在员工中组织开展消防知识、技能的宣传教育和培训，组织灭火和应急疏散预案的实施和演练。

(8) 项目消防安全责任人委托的其他消防安全管理工作。

3. 专兼职消防管理人员职责

《机关、团体、企业、事业单位消防安全管理规定》第十五条规定：单位应当确定专职或者兼职消防管理人员，专兼职消防管理人员在消防安全责任人或者消防安全管理人的领导下开展消防安全管理工作。

专兼职消防管理人员是做好消防安全的重要力量。其应当履行下列消防安全责任：

(1) 掌握消防安全法律、法规，了解本单位消防安全状况，及时向上级报告。

(2) 提请确定消防安全重点单位，提出落实消防安全管理措施的建议。

(3) 实施日常防火检查、巡查，及时发现火灾隐患，落实火灾隐患整改措施。

(4) 管理维护消防设施、灭火器材和消防安全标志。

(5) 组织开展消防宣传，对全体员工进行教育培训。

(6) 编制灭火和应急疏散预案，组织演练。

(7) 记录有关消防工作的开展情况，完善消防档案。

(8) 完成其他消防安全管理工作。

三、总平面布局

1. 一般规定

（1）临时用房、临时设施的布置应满足现场防火、灭火及人员安全疏散的要求，如图 3-16-1所示。

图 3-16-1　临建房屋间距符合消防要求

（2）下列临时用房和临时设施应纳入施工现场总平面布局：

① 施工现场的出入口、围墙、围挡。

② 场内临时道路。

③ 给水管网或管路和配电线路敷设或架设的走向、高度。

④ 施工现场办公用房、宿舍、发电机房、变配电房、可燃材料库房、易燃易爆危险品库房、可燃材料堆场及其加工场、固定动火作业场等。

⑤ 临时消防车道、消防救援场地和消防水源。

（3）施工现场出入口的设置应满足消防车通行的要求，并宜布置在不同方向，其数量不宜少于 2 个。当确有困难只能设置 1 个出入口时，应在施工现场内设置满足消防车通行的环形道路。

（4）施工现场临时办公、生活、生产、物料存贮等功能区宜相对独立布置，防火间距应符合现行国家标准《建设工程施工现场消防安全技术规范》（GB 50720）第二章第 1 条和第 2 条的规定。

（5）固定动火作业场应布置在可燃材料堆场及其加工场、易燃易爆危险品库房等全年最小频率风向的上风侧，并宜布置在临时办公用房、宿舍、可燃材料库房、在建工程等全年最小频率风向的上风侧。

（6）易燃易爆危险品库房应远离明火作业区、人员密集区和建筑物相对集中区。

（7）可燃材料堆场及其加工场、易燃易爆危险品库房不应布置在架空电力线下。

2. 防火间距

（1）易燃易爆危险品库房与在建工程的防火间距不应小于 15m，可燃材料堆场及其加工场、固定动火作业场与在建工程的防火间距不应小于 10m，其他临时用房、临时设施与在建工程的防火间距不应小于6m。

（2）施工现场主要临时用房、临时设施的防火间距不应低于表3-16-1的规定，当办公用房、宿舍成组布置时，其防火间距可适当减小，但应符合下列规定：

① 每组临时用房的栋数不应超过10栋，组与组之间的防火间距不应小于8m。

② 组内临时用房之间的防火间距不应小于3.5m，当建筑构件燃烧性能等级为A级时，其防火间距可减少到3m。

表3-16-1　施工现场主要临时用房、临时设施的防火间距

场所	间距（m）						
	办公用房、宿舍	发电机房、变配电房	可燃材料库房	厨房操作间、锅炉房	可燃材料堆场及其加工场	固定动火作业场	易燃易爆危险品库房
办公室用房、宿舍	4	4	5	5	7	7	10
发电机房、变配电房	4	4	5	5	7	7	10
可燃材料库房	5	5	5	5	7	7	10
厨房操作间、锅炉房	5	5	5	5	7	7	10
可燃材料堆场及其加工场	7	7	7	7	7	10	10
固定动火作业场	7	7	7	7	10	10	12
易燃易爆危险品库房	10	10	10	10	10	12	12

注：1. 临时用房、临时设施的防火间距应按临时用房外墙外边线或堆场、作业场、作业棚边线间的最小距离计算，当临时用房外墙有突出可燃构件时，应从其突出可燃构件的外缘算起。
2. 两栋临时用房相邻较高一面的外墙为防火墙时，防火间距不限。
3. 本表未规定的，可按同等火灾危险性的临时用房、临时设施的防火间距确定。

3. 消防车道

（1）施工现场内应设置临时消防车道如图3-16-2所示，临时消防车道与在建工程、临时用房、可燃材料堆场及其加工场的距离不宜小于5m，且不宜大于40m；施工现场周边道路满足消防车通行及灭火救援要求时，施工现场内可不设置临时消防车道。

图3-16-2　消防车道

（2）临时消防车道的设置应符合下列规定：

① 临时消防车道宜为环形，设置环形车道确有困难时，应在消防车道尽端设置尺寸不小于12m×12m的回车场。

② 临时消防车道的净宽度和净空高度均不应小于4m。

③ 临时消防车道的右侧应设置消防车行进路线指示标志。

④ 临时消防车道路基、路面及其下部设施应能承受消防车通行压力及工作荷载。

（3）下列建筑应设置环形临时消防车道，设置环形临时消防车道确有困难时，除应按现行国家标准GB 50720的规定设置回车场外，尚应按该国家标准的规定设置临时消防救援场地：

① 建筑高度大于24m的在建工程。

② 建筑工程单体占地面积大于3000m^2的在建工程。

③ 超过10栋，且成组布置的临时用房。

（4）临时消防救援场地的设置应符合下列规定：

① 临时消防救援场地应在在建工程装饰装修阶段设置。

② 临时消防救援场地应设置在成组布置的临时用房场地的长边一侧及在建工程的长边一侧。

③ 临时救援场地宽度应满足消防车正常操作要求，且不应小于6m，与在建工程外脚手架的净距不宜小于2m，且不宜超过6m。

四、建筑防火

1. 临时用房防火

（1）宿舍、办公用房的防火设计应符合下列规定：

① 建筑构件的燃烧性能等级应为A级。当采用金属夹芯板材时，其芯材的燃烧性能等级应为A级。

② 建筑层数不应超过3层，每层建筑面积不应大于300m^2。

③ 层数为3层或每层建筑面积大于200m^2时，应设置至少2部疏散楼梯，房间疏散门至疏散楼梯的最大距离不应大于25m。

④ 单面布置用房时，疏散走道的净宽度不应小于1.0m；双面布置用房时，疏散走道的净宽度不应小于1.5m。

⑤ 疏散楼梯的净宽度不应小于疏散走道的净宽度。

⑥ 宿舍房间的建筑面积不应大于30m^2，其他房间的建筑面积不宜大于100m^2。

⑦ 房间内任一点至最近疏散门的距离不应大于15m，房门的净宽度不应小于0.8m；房间建筑面积超过50m^2时，房门的净宽度不应小于1.2m。

⑧ 隔墙应从楼地面基层隔断至顶板基层底面。

（2）发电机房、变配电房、厨房操作间、锅炉房、可燃材料库房及易燃易爆危险品库房的防火设计应符合下列规定：

① 建筑构件的燃烧性能等级应为A级。

② 层数应为1层，建筑面积不应大于200m^2。

③ 可燃材料库房单个房间的建筑面积不应超过30m^2，易燃易爆危险品库房单个房间的建筑面积不应超过20m^2。

④ 房间内任一点至最近疏散门的距离不应大于10m，房门的净宽度不应小于0.8m。

（3）其他防火设计应符合下列规定：

① 宿舍、办公用房不应与厨房操作间、锅炉房、变配电房等组合建造。

② 会议室、文化娱乐室等人员密集的房间应设置在临时用房的第一层，其疏散门应向疏散方向开启。

2. 在建工程防火

（1）在建工程作业场所的临时疏散通道应采用不燃、难燃材料建造，并应与在建工程结构施工同步设置，也可利用在建工程施工完毕的水平结构、楼梯。

（2）在建工程作业场所临时疏散通道的设置应符合下列规定：

① 耐火极限不应低于0.5h。

② 设置在地面上的临时疏散通道，其净宽度不应小于1.5m；利用在建工程施工完毕的水平结构、楼梯作临时疏散通道时，其净宽度不宜小于1.0m；用于疏散的爬梯及设置在脚手架上的临时疏散通道，其净宽度不应小于0.6m。

③ 临时疏散通道坡道，且坡度大于25°时，应修建楼房或台阶踏步或设置防滑条。

④ 临时疏散通道不宜采用爬梯，确需采用时，采取可靠固定措施。

⑤ 临时疏散通道的侧面为临空面时，应沿临空面设置高度不小于1.2m的防护栏杆。

⑥ 临时疏散通道设置在脚手架上时，脚手架应采用不燃材料搭设。

⑦ 临时疏散通道应设置明显的疏散指示标志。

⑧ 临时疏散通道应设置照明设施。

（3）既有建筑进行扩建、改建施工时，必须明确划分施工区和非施工区。

① 施工区和非施工区之间应采用不开设门、窗、洞口的耐火极限不低于3.0h的不燃烧体隔墙进行防火分隔。

② 非施工区内的消防设施应完好和有效，疏散通道应保持畅通，并应落实日常值班及消防安全管理制度。

③ 施工区的消防安全应配有专人值守，发生火情应能立即处置。

④ 施工单位应向居住和使用者进行消防宣传教育，告知建筑消防设施、疏散通道的位置及使用方法，同时应组织疏散演练。

⑤ 外脚手架搭设不应影响安全疏散、消防车正常通行及灭火救援操作，外脚手架搭设长度不应超过该建筑物外立面周长的1/2。

（4）外脚手架、支模架的架体宜采用不燃或难燃材料搭设，下列工程的外脚手架、支模架的架体应采用不燃材料搭设：

① 高层建筑。

② 既有建筑改造工程。

（5）下列安全防护网应采用阻燃型安全防护网：

① 高层建筑外脚手架的安全防护网。

② 既有建筑外墙改造时，其外脚手架的安全防护网。

③ 临时疏散通道的安全防护网。

（6）作业场所应设置明显的疏散指示标志，其指示方向应指向最近的临时疏散通道入口。

（7）作业层的醒目位置应设置消防安全疏散示意图，如图3-16-3所示。

五、临时消防设施

1. 一般规定

（1）施工现场应设置灭火器、临时消防给水系统和应急照明等临时消防设施。

（2）临时消防设施应与在建工程的施工同步设置。房屋建筑工程中，临时消防设施的位置与在建工程主体结构施工进度的差距不应超过3层。

（3）在建工程可利用已具备使用条件的永久性消防设施作为临时消防设施。当永久消防设施无法满足使用要求时，应增设临时消防设施，并应符合现行国家标准《建设工程施

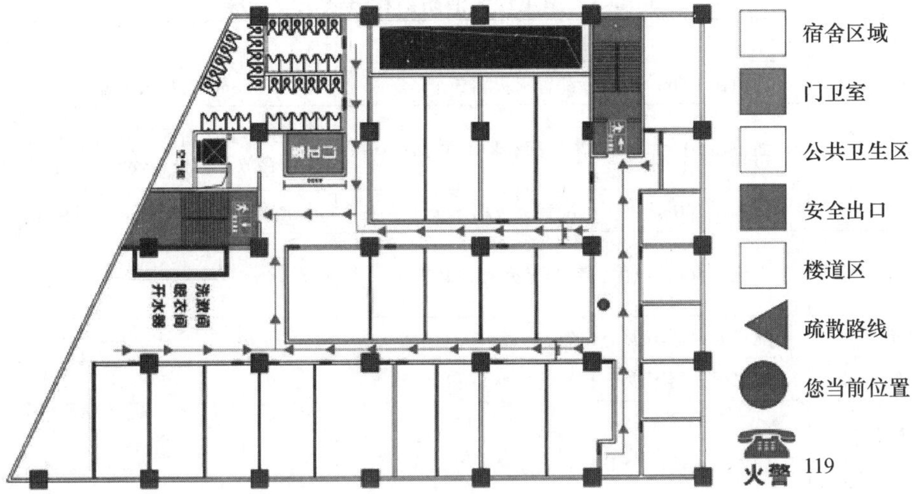

图 3-16-3　消防安全疏散平面图

工现场消防安全技术规范》（GB 50720）的有关规定。

（4）施工现场的消火栓泵应采用专用消防配电线路。专用消防配电线路应自施工现场总配电箱的总断路器上端接入，且应保持不间断供电。

（5）地下工程的施工作业场所宜配备防毒面具。

（6）临时消防给水系统的贮水池、消火栓泵、室内消防竖管及水泵接合器等应设置醒目标志。

2. 灭火器

灭火器的配置应按《建筑灭火器配置设计规范》（GB 50140）的有关规定经计算确定。

（1）灭火器的类型选择应符合表 3-16-2 的规定。

表 3-16-2　火灾类别与灭火器配置类型选择

火灾类型	灭火器配置类型	备注
A 类火灾：固体物质火灾	①水型灭火器；②磷酸铵盐干粉灭火器；③泡沫灭火器；④卤代烷灭火器	—
B 类火灾：液体火灾或可熔化固体物质火灾	①泡沫灭火器；②碳酸氢钠干粉灭火器；③磷酸铵盐干粉灭火器；④二氧化碳灭火器；⑤水型灭火器；⑥卤代烷灭火器	极性溶剂的 B 类火灾场所应选择灭 B 类火灾的抗溶性灭火器
C 类火灾：气体火灾	①磷酸铵盐干粉灭火器；②碳酸氢钠干粉灭火器；③二氧化碳灭火器；④卤代烷灭火器	—
D 类火灾：金属火灾	①灭金属火灾专用灭火器	—
E 类火灾：物体带电燃烧的火灾	①磷酸铵盐干粉灭火器；②碳酸氢钠干粉灭火器；③卤代烷灭火器；④二氧化碳灭火器	不得选用装有金属喇叭喷筒的二氧化碳灭火器

（2）施工现场消防器材的最低配置标准应符合表 3-16-3 的规定。

表 3-16-3　施工现场消防器材最低配置标准

配置场所	配置标准	备注
厨房	面积在 100m^2 以内，配置灭火器 3 个	每增 50m^2 增配灭火器 1 个
材料库	面积在 50m^2 以内，配置灭火器不少于 1 个	每增 50m^2 增配灭火器不少于 1 个（如仓库内存放可燃材料较多，要相应增加）
施工办公区	面积在 100m^2 以内，配置灭火器不少于 1 个	每增 50m^2 增配灭火器不少于 1 个
可燃物品堆放场	面积在 50m^2 以内，配置灭火器不少于2个	—
电机房	配置灭火器不少于 1 个	—
电工房、配电房	配置灭火器不少于 1 个	—
垂直运输设备（包括施工电梯、塔式起重机）驾驶室	配置灭火器不少于 1 个	—
油料库	面积在 50m^2 以内，配置灭火器不少于2个	每增 50m^2，增配灭火器不少于2个
临时易燃易爆物品仓库	面积在 50m^2 以内，配置灭火器不少于2个	—
木制作场	面积在 50m^2 以内，配置灭火器不少于2个	每增 50m^2 增配灭火器 1 个
值班室	配置灭火器 2 个及 1 个直径为 65mm、长度 20m 的消防水带	—
集体宿舍	每 25m^2 配置灭火器 1 个	如占地面积超过 1000m^2，应按每 500m^2 设立一个 2m 的消防水池
临时动火作业场所	配置灭火器不少于 1 个和其他消防辅助器材	—
在建建筑物	施工层面积在 500m^2 以内，配置灭火器不少于 2 个	每增 500m^2 增配灭火器 1 个，非施工层必须视具体情况适当配置灭火器材

（3）灭火器的最大保护距离应符合表 3-16-4 的规定。

表 3-16-4　灭火器的最大保护距离

灭火器配置场所	固体物质火灾	液体或可熔化固体物质火灾、气体火灾
易燃易爆危险品存放及使用场所（m）	15	9
固定动火作业场（m）	15	9
临时动火作业场（m）	10	6
可燃材料存放、加工及使用场所（m）	20	12
厨房操作间、锅炉房（m）	20	12
发电机房、变配电房（m）	20	12
办公用房、宿舍等（m）	25	—

3. 临时消防给水系统

（1）施工现场或其附近应设置稳定、可靠的水源，并应能满足施工现场临时消防用水的需要，如图 3-16-4、图 3-16-5 所示。

图 3-16-4　施工现场消防管道

图 3-16-5　施工现场消火栓

消防水源可采用市政给水管网或天然水源。当采用天然水源时，应采取确保冰冻季节、枯水期最低水位时顺利取水的措施，并应满足临时消防用水量的要求。

（2）临时消防用水量应为临时室外消防用水量与临时室内消防用水量之和。

（3）临时室外消防用水量应按临时用房和在建工程的临时室外消防用水量的较大者确定，施工现场火灾次数可按同时发生 1 次确定。

（4）临时用房建筑面积之和大于 $1000m^2$ 或在建工程单体体积大于 $10000m^3$ 时，应设置临时室外消防给水系统。当施工现场处于市政消火栓 150m 保护范围内，且市政消火栓的数量满足室外消防用水量要求时，可不设置临时室外消防给水系统。

（5）临时用房的临时室外消防用水量不应低于表 3-16-5 的规定。

表 3-16-5　临时用房的临时室外消防用水量

临时用房的建筑面积	火灾延续时间（h）	消火栓用水量（L/s）	每支水枪最小流量（L/s）
$1000m^2$ < 面积 ≤ $5000m^2$	1	10	5
面积 > $5000m^2$		15	5

（6）在建工程的临时室外消防用水量不应低于表 3-16-6 的规定。

表 3-16-6　在建工程的临时室外消防用水量

在建工程（单体）体积	火灾延续时间（h）	消火栓用水量（L/s）	每支水枪最小流量（L/s）
$10000m^3$ < 体积 ≤ $30000m^3$	1	15	5
体积 > $30000m^3$	2	20	5

（7）施工现场临时室外消防给水系统的设置应符合下列规定。

① 给水管网宜布置成环状。

② 临时室外消防给水干管的管径，应根据施工现场临时消防用水量和干管内水流计算速度计算确定，且不应小于 DN100。

③ 室外消火栓应沿在建工程、临时用房和可燃材料堆场及其加工场均匀布置。与在建

工程、临时用房和可燃材料堆场及其加工场的外边线的距离不应小于5m。

④ 消火栓的间距不应大于120m。

⑤ 消火栓的最大保护半径不应大于150m。

（8）建筑高度大于24m或单体体积超过30000m^{3}的在建工程，应设置临时室内消防给水系统。

（9）在建工程的临时室内消防用水量不应小于表3-16-7的规定。

表3-16-7 在建工程的临时室内消防用水量

建筑高度、在建工程体积（单体）	火灾延续时间（h）	消火栓用水量（L/s）	每支水枪最小流量（L/s）
24m＜建筑高度≤50m 或30000m^3＜体积≤50000m^3	1	10	5
建筑高度＞50m 或体积＞50000m^3	1	15	5

（10）在建工程临时室内消防竖管的设置应符合下列规定。

① 消防竖管的设置位置应便于消防人员操作，其数量不应少于2根，当结构封顶时，应将消防竖管设置成环状。

② 消防竖管的管径应根据在建工程临时消防用水量、竖管内水流计算速度计算确定，且不应小于DN100。

（11）设置室内消防给水系统的在建工程，应设置消防水泵接合器。消防水泵接合器应设置在室外便于消防车取水的部位，与室外消火栓或消防水池取水口的距离宜为15～40m。

（12）设置临时室内消防给水系统的在建工程，各结构层均应设置室内消火栓接口及消防软管接口，并应符合下列规定：

① 消火栓接口及软管接口应设置在位置明显且易于操作的部位。

② 消火栓接口的前端应设置截止阀。

③ 消火栓接口或软管接口的间距，多层建筑不应大于50m，高层建筑不应大于30m。

（13）在建工程结构施工完毕的每层楼梯处应设置消防水枪、水带及软管，且每个设置点不应少于2套。

（14）高度超过100m的在建工程，应在适当楼层增设临时中转水池及加压水泵。中转水池的有效容积不应少于10m^3，上、下两个中转水池的高差不宜超过100m。

（15）临时消防给水系统的给水压力应满足消防水枪充实水柱长度不小于10m的要求；给水压力不能满足要求时，应设置消火栓泵，消火栓泵不应少于2台，且应互为备用；消火栓泵宜设置自动启动装置。

（16）当外部消防水源不能满足施工现场的临时消防用水量要求时，应在施工现场设置临时贮水池。临时贮水池宜设置在便于消防车取水的部位，其有效容积不应小于施工现场火灾延续时间内一次灭火的全部消防用水量。

（17）施工现场临时消防给水系统应与施工现场生产、生活给水系统合并设置，但应设置将生产、生活用水转为消防用水的应急阀门。应急阀门不应超过2个，且应设置在易于操作的场所，并应设置明显标志。

（18）严寒和寒冷地区的现场临时消防给水系统应采取防冻措施。

4. 应急照明

（1）施工现场的下列场所应配备临时应急照明灯如图 3-16-6 所示。

① 自备发电机房及变配电房。

② 水泵房。

③ 无天然采光的作业场所及疏散通道。

④ 高度超过 100m 的在建工程的室内疏散通道。

⑤ 发生火灾时仍需坚持工作的其他场所。

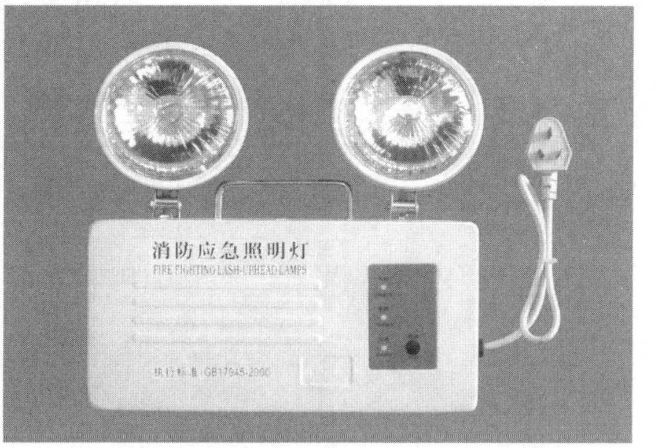

图 3-16-6　应急照明灯

（2）作业场所应急照明的照度不应低于正常工作所需照度的 90%，疏散通道的照度值不应小于 0. 51lx。

（3）临时消防应急照明灯具宜选用自备电源的应急照明灯具，自备电源的连续供电时间不应小于 60min。

六、可燃物及易燃易爆危险品管理

（1）用于在建工程的保温、防水、装饰及防腐等材料的燃烧性能等级应符合设计要求。

（2）可燃材料及易燃易爆危险品应按计划限量进场。进场后，可燃材料宜存放于库房内，露天存放时，应分类成垛堆放，垛高不应超过 2m，单垛体积不应超过 $50m^3$，垛与垛之间的最小间距不应小于 2m，且应采用不燃或难燃材料覆盖；易燃易爆危险品应分类专库储存，库房内应通风良好，并应设置严禁明火标志。

（3）室内使用油漆及其有机溶剂、乙二胺、冷底子油等易挥发产生易燃气体的物资作业时，应保持良好通风，作业场所严禁明火，并应避免产生静电。

（4）施工产生的可燃、易燃建筑垃圾或余料，应及时清理。

七、用火、用电、用气管理

1. 用火管理

施工现场用火应符合下列规定：

（1）动火作业应办理动火许可证如图 3-16-7 所示；动火许可证的签发人收到动火申请后，应前往现场查验并确认动火作业的防火措施落实后，再签发动火许可证。

（2）动火操作人员应具有相应资格。

（3）焊接、切割、烘烤或加热等动火作业前，应对作业现场的可燃物进行清理；作业现场及其附近无法移走的可燃物应采用不燃材料对其覆盖或隔离。

（4）施工作业安排时，宜将动火作业安排在使用可燃建筑材料的施工作业前进行。确需在使用可燃建筑材料的施工作业之后进行动火作业时，应采取可靠的防火措施。

（5）裸露的可燃材料上严禁直接进行动火作业。

（6）焊接、切割、烘烤或加热等动火作业应配备灭火器材，并应设置动火监护人进行现场监护，每个动火作业点均应设置 1 个监护人。

动火作业证

依照 GB30871-2014 国家标准执行　　作业证编号：NO：000001

申请单位		申请人	
动火作业级别	□二级动火 □一级动火 □特殊动火	动火方式	
动火地点			
动火时间	年 月 日 时 分始至 年 月 日 时 分止		
动火作业负责人		动火人	
动火分析时间	年 月 日 时	年 月 日 时	年 月 日 时
分析点名称			
分析数据			
分析人			
涉及的其他特殊作业			
危害辨识			

序号	安全措施	确认人
1	动火设备内部构件清理干净，蒸汽吹扫或水洗合格，达到用火条件	
2	断开与动火设备相连接的所有管线，加盲板（　）块	
3	动火点周围的下水井、地漏、地沟、电缆沟等已清除易燃物，并已采取覆盖、铺沙、水封等手段进行隔离	
4	罐区内动火点同一围堰和防火间距内的油罐不同时进行脱水作业	
5	高处作业已采取防火花飞溅措施	
6	动火点周围易燃物已清除	
7	电焊回路线已接在焊件上，把线未穿过下水井或其他设备搭接	
8	乙炔气瓶（直立放置）、氧气瓶与火源间的距离大于10m	
9	现场配备消防蒸汽带（ ）根，灭火器（ ）台，铁锹（ ）把，石棉布（ ）块	
10	其他安全措施：　　编制人：	

生产单位负责人		监火人		动火初审人	
实施安全教育人					

申请单位意见	签字：	年 月 日 时 分
安全管理部门意见	签字：	年 月 日 时 分
动火审批人意见	签字：	年 月 日 时 分
动火前，岗位当班班长验票	签字：	年 月 日 时 分
完工验收	签字：	年 月 日 时 分

特殊动火和一级动火作业证有效期不应超过8小时；
二级动火作业证有效期不应超过72小时。

第一联　动火点所在车间保存

安赛瑞®

图 3-16-7　动火作业证

（7）五级或五级以上风力时，应停止焊接、切割等室外动火作业；确需动火作业时，应采取可靠的挡风措施。

（8）动火作业后，应对现场进行检查，并应在确认无火灾危险后，动火操作人员再离开。

（9）具有火灾、爆炸危险的场所严禁明火。

（10）施工现场不应采用明火取暖。

（11）厨房操作间炉灶使用完毕后，应将炉火熄灭，排油烟机及油烟管道应定期清理油垢。

2. 用电管理

施工现场用电应符合下列规定：

（1）施工现场供用电设施的设计、施工、运行和维护应符合现行国家标准《建设工程施工现场供用电安全规范》（GB 50194）的有关规定。

（2）电气线路应具有相应的绝缘强度和机械强度，严禁使用绝缘老化或失去绝缘性能的电气线路，严禁在电气线路上悬挂物品。破损、烧焦的插座、插头应及时更换。

（3）电气设备与可燃、易燃易爆危险品和腐蚀性物品应保持一定的安全距离。

（4）有爆炸和火灾危险的场所，应按危险场所等级选用相应的电气设备。

（5）配电屏上每个电气回路应设置漏电保护器、过载保护器，距配电屏 2m 范围内不应堆放可燃物，5m 范围内不应设置可能产生较多易燃、易爆气体、粉尘的作业区。

（6）可燃材料库房不应使用高热灯具，易燃易爆危险品库房内应使用防爆灯具。

（7）普通灯具与易燃物的距离不宜小于300mm，聚光灯、碘钨灯等高热灯具与易燃物的距离不宜小于500mm。

（8）电气设备不应超负荷运行或带故障使用。

（9）严禁私自改装现场供用电设施。

（10）应定期对电气设备和线路的运行及维护情况进行检查。

3. 用气管理

施工现场用气应符合下列规定：

（1）储装气体的罐瓶及其附件应合格、完好和有效，严禁使用减压器及其他附件缺损的氧气瓶，严禁使用乙炔专用减压器、回火防止器及其他附件缺损的乙炔瓶。

（2）气瓶运输、存放、使用时，应符合下列规定：

① 气瓶应保持直立状态，并采取防倾倒措施，乙炔瓶严禁横躺卧放。

② 严禁碰撞、敲打、抛掷、滚动气瓶。

③ 气瓶应远离火源，与火源的距离不应小于10m，并应采取避免高温和防止暴晒的措施。

④ 燃气储装瓶罐应设置防静电装置。

（3）气瓶应分类储存，库房内应通风良好；空瓶和实瓶同库存放时，应分开放置，空瓶和实瓶的间距不应小于1.5m。

（4）气瓶使用时，应符合下列规定：

① 使用前，应检查气瓶及气瓶附件的完好性，检查连接气路的气密性，并采取避免气体泄漏的措施，严禁使用已老化的橡皮气管。

② 氧气瓶与乙炔瓶的工作间距不应小于5m，气瓶与明火作业点的距离不应小于10m。

③ 冬季使用气瓶，气瓶的瓶阀、减压器等发生冻结时，严禁用火烘烤或用铁器敲击瓶阀，严禁猛拧减压器的调节螺丝。

④ 氧气瓶内剩余气体的压力不应小于0.1MPa。

⑤ 气瓶用后应及时归库。

4. 其他防火管理

（1）施工现场的重点防火部位或区域应设置防火警示标志。

（2）施工单位应做好施工现场临时消防设施的日常维护工作，对已失效、损坏或丢失的消防设施应及时更换、修复或补充。

（3）临时消防车道、临时疏散通道、安全出口应保持畅通，不得遮挡、挪动疏散指示标志，不得挪用消防设施。

（4）施工期间，不应拆除临时消防设施及临时疏散设施。

（5）施工现场严禁吸烟。

八、施工现场消防安全管理问题性质的认定

（1）凡有下列行为之一为严重违章：

① 施工组织设计中未编制消防方案或危险性较大的作业如防水施工、保温材料安装使用、施工暂设搭建和冷却塔的安装及其他易燃、易爆物品的未编制防火措施。

② 进行电焊作业、油漆粉刷或从事防水、保温材料、冷却塔安装等危险作业时，无防

火要求的措施，也未进行安全交底。明火作业与防水施工、外墙保温材料等较大危险性作业进行违章交叉作业，存在较大火灾隐患的。

③ 明火作业无审批手续、非焊工从事电气焊、割作业，动火前未清理易燃物。

④ 施工暂设搭建未按防火规定使用非燃材料而采用易燃、可燃材料作围护结构的。

⑤ 在建筑工程主体内设置员工集体宿舍，设置的非燃品库房内住宿人员。

⑥ 在建筑物或库房内调配油漆、稀料。

⑦ 将在施建筑物作为仓库使用，或长期存放大量易燃、可燃材料。

⑧ 施工现场吸烟。

⑨ 工程内使用液化石油气钢瓶。

⑩ 冬季施工工程内采用炉火作取暖保温措施的。

⑪ 将住宿或办公区域安全出口上锁、遮挡，或者占用、堆放物品，或者影响疏散通道畅通的。

（2）凡下列问题为重大隐患：

① 施工现场未设消防车道。

② 施工现场的消防重点部位（如木工加工场所、油料及其他仓库等）未配备消防器材。

③ 施工现场无消防水源，或消火栓严重不足，未采取其他措施的。

④ 消火栓被埋、压、圈、占。因消火栓开启工具不匹配，不能及时开启出水的。

⑤ 施工现场进水干管直径小于100mm，无其他措施的。

⑥ 高度超过24m以上的建筑未设置消防竖管，或在正式消防给水系统投入使用前，拆除或者停用临时消防竖管的。

⑦ 消防竖管未设置水泵结合器，或设置水泵接合器，消防车无法靠近，不能起灭火作用的。

⑧ 消防泵的专用配电线路，未引自施工现场总断路器的上端，不能保证连续不间断供电。

⑨ 冬季施工消火栓、消防泵房、竖管无防冻保温措施，造成设备、管路被冻，不能出水起到灭火作用的。

⑩ 将安全出口上锁、遮挡，或者占用、堆放物品，或者影响疏散通道畅通的。

⑪ 消防设施管理、值班人员和防火巡查人员脱岗的。

⑫ 生活区食堂使用液化气瓶到期未检验，无安全供气协议；工程内或生产区域使用液化石油气的。

九、电气焊作业

（一）电气焊作业安全交底

1. 一般事项交底

（1）电气焊作业人员应持证上岗。

（2）动火必须开具用火证，用火证当日有效。用火地点变换，应重新办理。

（3）清理可燃物，作业现场及其附近无移走的可燃物应采用不燃材料对其覆盖或隔离。

（4）设专人看护，备足灭火器材和灭火用水，作业后确认无火源后方可离去。

（5）五级或五级以上风力时应停止焊接、切割等室外动火作业。

2. 特殊事项交底

（1）焊、割、存放过易燃易爆化学危险物品的容器或设备，在处于危险状态时，不得进行焊割。必须采取安全清洗措施后，方准进行焊割。

（2）焊割等明火作业不准与防水施工、外墙保温材料、冷却塔、油漆粉刷等作业同部位、同时间上下交叉作业。

（3）高层、外檐及孔洞周围作业必须有接挡、封堵措施。严禁在有火灾爆炸危险场所进行焊割作业。

（4）电焊机必须设立专用地线，不准将地线搭接在建筑物、机器设备或各种管道、金属架上。

（5）氧气瓶导管、软管、瓶阀等不得与油脂或沾油物品接触。氧气瓶和乙炔瓶应分开放置，两瓶之间工作间距不小于5m，两瓶与明火作业距离不小于10m，并不得倾倒或受热。

3. 逃生自救事项交底

（1）初起火灾的扑救方法及注意事项；灭火器的使用，离操作点最近的消火栓位置及使用方法。

（2）逃生方法及路线。

4. 面临行政处罚交底事项

（1）未取得相应的特种作业操作岗位资格进行电、气焊作业的人员一律行政拘留。

（2）依据《中华人民共和国消防法》第二十一条，《中华人民共和国消防法》第六十三条第二款之规定，未经施工现场防火负责人审查批准，未开具动火证，动火作业时未清除周边可燃物，未配置消防器材，未设专人监护，未在指定用火时间、地点进行电、气焊作业的一律处罚款或拘留。

（3）违反规定使用明火作业。消防监督检查中发现施工现场动用明火，违反现行国家标准《建设工程施工现场消防安全技术规范》（GB 50720）有关用火、用电、用气管理规定，情节严重的，可根据《中华人民共和国消防法》第六十三条第二款的规定，处5日以下拘留。

（二）焊接机械基本要求

（1）焊接前必须先进行动火审查，配备灭火器材和监护人员，后开动火证。

（2）焊接设备应有完整的防护外壳，一、二次接线柱处应有保护罩。

（3）焊接操作及配合人员必须按规定穿戴劳动防护用品，并必须采取防止触电、高空坠落、中毒和火灾等事故的安全措施。

（4）现场使用的电焊机，应设有防雨、防潮、防晒、防砸的机棚，并应装设相应的消防器材。

（5）焊割现场10m范围内及高空作业下方，不得堆放油类、木材、氧气瓶、乙炔发生器等易燃、易爆物品。

（6）电焊机绝缘电阻不得小于0.5MΩ，电焊机导线绝缘电阻不得小于1MΩ，电焊机接地电阻不得大于4Ω。

（7）电焊机导线和接地线不得搭在易燃、易爆及带有热源的和有油的物品上；不得利用建筑物的金属结构、管道、轨道或其他金属物体搭接起来形成焊接回路，并不得将电焊机和工件双重接地；严禁使用氧气、天然气等易燃易爆气体管道作为接地装置。

（8）电焊机械的二次线应采用防水橡皮护套铜芯软电缆，电缆长度不应大于30m，二次线接头不得超过3个，二次线应双线到位，不得采用金属构件或结构钢筋代替二次线的地线。当需要加长导线时，应相应增加导线的截面。当导线通过道路时，必须架高或穿入防护管内埋设在地下；当通过轨道时，必须从轨道下面通过。当导线绝缘受损或断股时，应立即更换。

（9）电焊钳应有良好的绝缘和隔热能力。电焊钳握柄必须绝缘良好，握柄与导线连接应牢靠，接触良好，连接处应采用绝缘布包好并不得外露。操作人员不得用胳膊夹持电焊钳，也不得在水中冷却电焊钳。

（10）对压力容器和装有剧毒、易燃、易爆物品的容器及带电结构严禁进行焊接或切割。

（11）当需施焊受压容器、密封容器、油桶、管道、沾有可燃气体或溶液的工件时，应先清除容器及管道内压力，消除可燃气体或溶液，然后冲洗有毒、有害、易燃物质；对存有残余油脂的容器，应先用蒸气、碱水冲洗，并打开盖门，确认容器清洗干净后，再灌满清水方可进行焊接。在容器内焊接应采取防止触电、中毒和窒息的措施，焊、割密封容器应留出气孔，必要时在进出气口处装设通风设备；容器内照明电压不得超过12V，焊工与焊件间应绝缘；容器外应设专人监护。严禁在已喷涂过油漆和塑料的容器内焊接。

（12）当焊接铜、铝、锌、锡等有色金属时，应通风良好，焊接人员应戴防毒面罩、呼吸滤清器或采取其他防毒措施。

（13）当预热焊件温度达150～700℃时，应设挡板隔离焊件发出的辐射热，焊接人员应穿戴隔热的石棉服装和鞋、帽等。

（14）高空焊接或切割时，必须系好安全带，焊接周围和下方应采取防火措施，并应有专人监护。

（15）雨天不得在露天电焊。在潮湿地带作业时，操作人员应站在铺有绝缘物品的地方，并应穿绝缘鞋。

（16）应按电焊机额定焊接电流和暂载率操作，严禁过载。在运行中，应经常检查电焊机的温升，当喷漆电焊机金属外壳温升超过35℃时，必须停止运转并采取降温措施。

（17）当清除焊缝焊渣时，应戴防护眼镜，头部应避开敲击焊渣飞溅方向。

十、消防教育培训

（1）公安部《社会消防安全培训大纲》规定：

① 消防安全责任人、管理人和专职消防安全管理人员：

a. 掌握常用灭火设施、器材的种类及使用方法。

b. 掌握消防设施、器材特点、用途及检查、维护、保养的基本要求。

② 义务消防队人员：

a. 掌握常用消防设施、器材的种类及使用方法。

b. 掌握常用消防设施、器材的种类及使用方法。

③ 保安员：

a. 掌握灭火器的种类、适用范围、使用方法、设置及日常维护保养要求。

b. 掌握消火栓工作原理、操作方法及日常维护保养要求。

④ 单位员工：掌握常用消防设施、器材的种类及使用方法。

⑤ 在建设工地醒目位置、施工人员集中住宿场所设置消防安全宣传栏，悬挂消防安全

挂图和消防安全警示标志。

⑥ 对明火作业人员进行经常性的消防安全教育。

⑦ 施工现场每半年应组织一次灭火和应急疏散演练。

（2）总承包单位要组织分包单位管理人员、保安、成品保护人员以及施工人员等进行全员消防安全教育培训。教育培训应当包括：

① 有关消防法规、消防安全制度和保障消防安全的操作规程。

② 本岗位的火灾危险性和防火措施。

③ 有关消防设施的性能、灭火器材的使用方法。

④ 报火警、扑救初起火灾以及自救逃生的知识和技能。

（3）施工单位应落实电焊、气焊、电工等特殊工种作业人员持证上岗制度，电焊、气焊等危险作业前，应对作业人员进行消防安全教育，强化消防安全意识，落实危险作业施工安全措施。

（4）通过消防宣传，职工要做到“三知三会”，即知道本岗位的火灾危险性、知道消防安全措施、知道灭火方法；会正确报火警、会扑救初期火灾、会组织疏散人员。

十一、消防资料管理

施工单位应建立健全消防档案。消防档案应包括消防安全基本情况和消防安全管理情况，消防档案应详实，全面反映施工单位消防工作的基本情况，并附有必要的图表，根据情况变化及时更新。施工单位应对消防档案统一保管、备查。

1. 消防安全基本情况应当包括以下内容

（1）施工现场的基本情况和消防安全重点部位情况。

（2）工程消防审批有关资料：

① 送审报告（施工单位加盖公章的书面申请）。

② ××市消防局建筑设计消防审核意见书。

③ ××市建筑工程施工现场消防安全审核申请表。

④ 施工现场消防安全措施方案、防火负责人和消防保卫人员名单。

⑤ 施工组织设计和方案。

⑥ 保卫消防方案。

（3）消防管理组织机构和各级消防安全责任人。

（4）消防安全责任协议。

（5）消防安全制度。

（6）消防设施灭火器材情况。

（7）义务消防队情况。

（8）与消防有关的重点工种人员情况。

（9）新增消防产品、防火材料的合格证明材料（施工现场一般是指对临建房屋围护结构的保温材料及现场使用的安全网、围网和施工保温材料的检测情况）。

（10）灭火和应急疏散预案。

2. 消防安全管理情况应当包括以下内容

（1）公安消防机构填发的各种法律文书。

（2）防火检查、巡查记录。

（3）火灾隐患及其整改记录。

（4）消防设施定期检查记录，灭火器材维修保养记录，燃气、电气设备监测（包括防雷、防静电）等记录资料。

（5）消防安全培训记录。

（6）明火作业审批手续。

（7）易燃、易爆化学危险物品，防水施工、保温材料安装、使用、存放的审批手续和措施。

（8）灭火和应急疏散预案的演练记录。

（9）火灾情况记录。

（10）消防奖惩情况记录。

参考文献

［1］国家安全生产监督管理总局．建筑施工企业职业病危害防治技术规范：AQ/T 4256—2015［S］．北京：煤炭工业出版社，2015：9.

［2］上海市建设工程安全质量监督总站．施工企业安全生产评价标准：JGJ/T 77—2010［S］．北京：中国建筑工业出版社，2010.

［3］天津市建工工程总承包有限公司．建筑施工安全检查标准：JGJ 59—2011［S］．北京：中国建筑工业出版社，2012.

［4］北京建工一建工程建设有限公司，北京市第三建筑工程有限公司．建设工程施工现场环境与卫生标准：JGJ 146—2013［S］．北京：中国建筑工业出版社，2014：1.

［5］企业职工伤亡事故分类标准：GB 6441—1986［S］．北京：中国标准出版社，1986：1.

［6］中国建筑技术集团有限公司．建筑施工土石方工程安全技术规范：JGJ/T 1802009［S］．北京：中国建筑工业出版社，2009：9.

［7］中国建筑科学研究院．建筑基坑支护技术规程：JGJ 120—2012［S］．北京：中国建筑工业出版社，2012.

［8］上海星宇建设集团有限公司，郑州大学．建筑深基坑工程施工安全技术规范：JGJ 311—2013［S］．北京：中国建筑工业出版社，2014.

［9］建设工程施工现场供用电安全规范：GB 50194—2014［S］．北京：中国建筑工业出版社，2020：1.

［10］沈阳建筑大学．施工现场临时用电安全技术规范：JGJ 46—2005［S］．北京：中国建筑工业出版社，2005：5.

［11］上海市建工设计研究院有限公司，南通市达欣工程股份有限公司．建筑施工高处作业安全技术规范：JGJ 80—2016［S］．北京：中国建筑工业出版社，2016：12.

［12］高处作业分级：GB/T 3608—2008［S］．北京：中国标准出版社，2022：3.

［13］建筑施工门式钢管脚手架安全技术规范：JGJ 128—2010［S］．北京：中国建筑工业出版社，2010：7.

［14］中国建筑科学研究院等．建筑施工扣件式钢管脚手架安全技术规范：JGJ 130—2011［S］．北京：中国建筑工业出版社，2011：6.

［15］建筑施工碗扣式脚手架安全技术规范：JGJ 166—2016［S］．北京：中国建筑工业出版社，2017：3.

［16］中国建筑业协会建筑安全分会．建筑施工工具式脚手架安全技术规范：JGJ 202—2010［S］．北京：中国建筑工业出版社，2010：7.

［17］沈阳建筑大学．建筑施工木脚手架安全技术规范：JGJ 164—2008［S］．北京：中国建筑工业出版社，2008：10.

［18］液压升降整体脚手架安全技术规程：JGJ 183—2009［S］．北京：中国建筑工业出版社，2009：12.

［19］钢管脚手架扣件：GB 15831—2006［S］．北京：中国标准出版社，2007：2.

［20］沈阳建筑大学．建筑施工模板安全技术规范：JGJ 162—2008［S］．北京：中国建筑工业出版社，

2008：12.
［21］中冶建筑研究总院有限公司，江苏江都建设集团有限公司．液压滑动模板施工安全技术规程：JGJ 65—2013［S］．北京：中国建筑工业出版社，2013：9.
［22］宏润建设集团股份有限公司．钢管满堂支架预压技术规程：JGJ/T 194—2009［S］．北京：中国标准出版社，2010：1.
［23］上海市建工设计研究院有限公司．建筑施工塔式起重机安装、使用、拆卸安全技术规程：JGJ 196—2010［S］．北京：中国建筑工业出版社，2010：3.
［24］北京九鼎同方技术发展有限公司，国强建设集团有限公司．塔式起重机混凝土基础工程技术规程：JGJ/T 187—2009［S］．北京：中国建筑工业出版社，2010：1.
［25］施工升降机安全规程：GB 10055—2007［S］．北京：中国标准出版社，2007：9.
［26］施工升降机防坠安全器：JG 5058—1995［S］．北京：中国质检出版社，1996：8.
［27］天津市建工集团（控股）有限公司，天津建工工程总承包有限公司．龙门架及井架物料提升机安全技术规范：JGJ 88—2010［S］．北京：中国建筑工业出版社，2010：11.
［28］建筑施工物料提升机安全技术规程：DBJ 14—015—2002［S］．2002
［29］江苏省华建建设股份有限公司，江苏邗建集团有限公司．建筑机械使用安全技术规程：JGJ 33—2012［S］．北京：中国标准出版社，2012：11.
［30］施工现场机械设备检查技术规程：JGJ 160—2008［S］．北京：中国建筑工业出版社，2008：12.
［31］安全网：GB 5725—2009［S］．北京：中国标准出版社，2009：12.
［32］安全带：GB 6095—2009［S］．北京：中国标准出版社，2009：7.
［33］安全带测试方法：GB/T 6096—2009［S］．北京：中国标准出版社，2009：12.
［34］安全帽：GB 2811—2007［S］．北京：中国标准出版社，2007：12.
［35］北京建工集团有限责任公司等．建筑施工作业劳动防护用品配备及使用标准：JGJ 184—2009［S］．北京：中国建筑工业出版社，2010：6.
［36］建筑施工场界噪声限值：GB 12523—2011［S］．北京：中国环境科学出版社，2012：7.
［37］安全标志及其使用导则：GB 2894—2008［S］．北京：中国标准出版社，2009：3.
［38］建设工程施工现场安全资料管理规程：CECS 266—2009［S］．北京：中国计划出版社，2010：1.